Laborpraxis Band 2: Messmethoden

aprentas
Herausgeber

Laborpraxis Band 2: Messmethoden

6. Auflage

Springer

Herausgeber
aprentas
Muttenz, Schweiz

ISBN 978-3-0348-0967-2   ISBN 978-3-0348-0968-9 (eBook)
DOI 10.1007/978-3-0348-0968-9

Die Deutsche Nationalbibliothek verzeichnet diese Publikation in der Deutschen Nationalbibliografie; detaillierte bibliografische Daten sind im Internet über http://dnb.d-nb.de abrufbar.

1. Aufl. © Birkhäuser Basel 1977, 2. Aufl. © Birkhäuser Basel 1983, 3. Aufl. © Birkhäuser Basel 1987, 4. Aufl. © Birkhäuser Basel 1990, 5. Aufl. © Birkhäuser Basel 1996
© Springer International Publishing Switzerland 2017
Mit freundlicher Genehmigung von aprentas

Gedruckt auf säurefreiem und chlorfrei gebleichtem Papier.

Springer ist Teil von Springer Nature
Die eingetragene Gesellschaft ist Springer International Publishing AG Switzerland

Vorwort zur 6. Auflage

Die LABORPRAXIS hat sich seit ersten Anfängen Mitte der Siebzigerjahre des letzten Jahrhunderts immer grösserer Beliebtheit bei der Ausbildung von Laborpraktikern in chemischen Labors erfreut. Ursprünglich war sie als Lehrmittel zur Laborantenausbildung in der Werkschule der Firma Ciba-Geigy AG konzipiert. Sie gilt heutzutage vielerorts als Standardwerk für die grundlegende praktische Arbeit im chemisch-pharmazeutischen Labor. Als Nachfolgeinstitution der Werkschule Ciba-Geigy AG gibt der Ausbildungsverbund aprentas die LABORPRAXIS in der 6. völlig neu überarbeiteten Auflage heraus.

Die vierbändige LABORPRAXIS mit Schwerpunkten bezüglich organischer Synthesemethoden, Chromatographie und Spektroskopie, dient Berufseinsteigern als sehr breit angelegtes Lehrmittel und erfahrenen Fachkräften als Nachschlagewerk mit übersichtlich dargestellten theoretischen Grundlagen und konkreten, erprobten Anwendungsideen.

Die theoretischen Grundlagen für jedes Kapitel sind für Personen mit allgemeiner Vorbildung verständlich abgefasst. Sie zeigen theoretische Hintergründe von praktischen Arbeiten auf und erläutern Gerätefunktionen. Zu jedem Kapitel gibt es Hinweise auf vertiefende und weiterführende Literatur. Arbeitssicherheit und -hygiene sowie die zwölf Prinzipien der nachhaltigen Chemie finden neben den entsprechenden Kapiteln in der ganzen LABORPRAXIS Beachtung. Die im Buch erwähnten praktischen, theoretischen und rechtlichen Grundlagen gründen auf Gegebenheiten bei Kunden von aprentas aus der chemisch-pharmazeutischen Industrie in der Schweiz, haben aber meist allgemeine Gültigkeit. Wenn spezifisch schweizerische Gegebenheiten vorkommen, ist das ausdrücklich erwähnt. Die LABORPRAXIS findet zudem Anwendung in Labors von verwandten Arbeitsgebieten wie biochemischen, klinischen, werkstoffkundlichen oder universitären Einrichtungen.

Die LABORPRAXIS eignet sich für den Einsatz in der Grund- und in der Weiterbildung von Fachpersonal. Der Inhalt entspricht den aktuellen Anforderungen der Bildungsverordnung und des Bildungsplanes zum Beruf Laborantin / Laborant mit eidgenössischem Fähigkeitszeugnis (EFZ), welche vom Staatssekretariat für Bildung, Forschung und Innovation (SBFI) in Bern verordnet wurden.

Inhaltsübersicht

Inhaltsübersicht Band 1

- **Das Chemische Labor**
Grundeinrichtungen, Aufbewahren von Chemikalien, Gefässe für die Aufbewahrung von Chemikalien, Handhabung von Chemikalien, Laborunterhalt, Betrieb bei Abwesenheit der Mitarbeitenden

- **Arbeitssicherheit und Gesundheitsschutz**
Organisation Sicherheit, Gefährdungsbeurteilung im Umgang mit Gefahrstoffen, Generelle Bestimmungen, Spezifische Bestimmungen, Technische Schutzmassnahmen und deren Prüfung

- **Umgang mit Abfällen und Emissionen**
Gesetzliche Grundlagen, Reduzieren, Rezyklieren, Ersetzen, Grüne Chemie, Entsorgen, Spezielle Chemikalien entsorgen, Übersicht über ausgewählte Stoffklassen

- **Werkstoffe im Labor**
Metallische Werkstoffe, Nichtmetallische Werkstoffe, Kunststoffe

- **Protokollführung, Wort- und Zeichenerklärungen**
Grundsätzlicher Aufbau eines Protokolls, GLP- ISO 9001- und Akkreditierungs-Grundsätze für Protokolle, Sicherung der im Labor erarbeiteten Erkenntnisse, Häufig angewandte Terminologie, Fachliteratur

- **Bewerten von Mess- und Analysenergebnissen**
Einleitung, Begriffe, Fehlerarten, Zusammenhang der Fehlerarten, Statistische Messgrössen, Praktische Anwendungsbeispiele von Messgrössen

- **Apparaturenbau für organische Synthesen**
Grundlagen, Schliffverbindungen, Versuchsapparaturen

- **Zerkleinern, Mischen, Rühren**
Theoretische Grundlagen, Übersicht: Homogene und heterogene Systeme, Zerkleinern und Mischen von Feststoffen, Korngrösse, Rühren von Flüssigkeiten, Mischen von Flüssigkeiten

- **Lösen**
Theoretische Grundlagen, Lösemittel, Herstellen von Lösungen in der Praxis, Physikalisches Verhalten von Lösungen

- **Heizen und Kühlen**
Physikalische Grundlagen Heizen und Kühlen, Heizmittel und Heizgeräte, Temperaturregelgeräte, Wärmeübertragungsmittel, Heizmedien, Allgemeine Grundlagen Kühlen, Wärmeübertragungsmittel, Kühlmedien, Kühlgeräte, Spezielle Kühlmethoden, Hilfsmittel

- **Heizen mit Mikrowellen**

Einsatzgebiete, Energieübertragung, Permittivität (ε), dielektrische Leitfähigkeit, Verlustfaktor (tan δ) und Dissipationsfaktor, Die Mikrowelle, Wärmeübertragung, Sicherheit

- **Arbeiten mit Vakuum**

Physikalische Grundlagen, Pumpen zum Erzeugen von vermindertem Druck, Pumpenstände und Peripheriegeräte

- **Arbeiten mit Gasen**

Physikalische Grundlagen, Technisch hergestellte Gase, Umgang mit Gasen, Gaskenndaten

Inhaltsübersicht Band 2

- **Wägen**

Physikalische Grundlagen, Allgemeine Grundlagen, Waagen

- **Volumenmessen**

Physikalische Grundlagen, Allgemeine Grundlagen, Volumenmessgeräte in der Praxis, Volumenmessen im Mikrobereich, Hilfsmittel

- **Dichtebestimmung**

Physikalische Grundlagen, Dichtebestimmung von Flüssigkeiten

- **Temperaturmessen**

Allgemein, Temperaturskalen, Laborübliche Temperaturmessgeräte, Flüssigkeitsausdehnungsthermometer, Elektrische Temperaturmessfühler, Metallausdehnungsthermometer, Wärmestrahlungsmessgeräte

- **Thermische Kennzahlen**

Die Aggregatzustände, Aggregatzustandsübergänge

- **Schmelzpunktbestimmung**

Grundlagen, Anwendung in der Praxis, Ablauf und Dokumentation, Praktische Durchführung, Geräte

- **Erstarrungspunktbestimmung**

Grundlagen, Bestimmung nach Pharmacopoea (Ph.Helv.VI)

- **Siedepunktbestimmung**

Grundlagen, Siedepunktbestimmung

- **Druck- und Durchflussmessung von Gasen**

Grundlagen, Mechanische Manometer, Elektronische Manometer, Anzeige- und Messgeräte für Gasdurchfluss

- **Bestimmen der Refraktion**
Physikalische Grundlagen, Refraktometer, Messen im durchfallenden Licht von klaren, farblosen Flüssigkeiten, Messen im reflektierten Licht, Elektronische Refraktometer

- **pH-Messen**
Theoretische Grundlagen, Säuren und Basen, Der pH-Wert, Puffer, Visuelle pH-Messung, Elektrometrische Messung

Inhaltsübersicht Band 3

- **Filtrieren**
Allgemeine Grundlagen, Filtrationsmethoden, Filterarten, Filterhilfsmittel, Filtermaterialien, Filtrationsgeräte, Filtration bei Normaldruck, Filtration bei vermindertem Druck, Filtration mit Überdruck, Filtration mit Filterhilfsmitteln, Arbeiten mit Membranfiltern

- **Trocknen**
Feuchtigkeitsformen, Trockenmittel, Trocknen von Feststoffen, Trocknen von Flüssigkeiten, Trocknen von Gasen, Spezielle Techniken

- **Extrahieren**
Allgemeine Grundlagen, Extraktionsmittel, Löslichkeit, Verteilungsprinzip, Extraktionsmethoden, Endpunktkontrolle, Extrahieren von Extraktionsgutlösungen in Portionen, Extrahieren mit spezifisch leichteren Extraktionsmitteln nach dem Drei-Scheidetrichterverfahren, Extrahieren mit spezifisch schwereren Extraktionsmittel nach dem Drei-Scheidetrichterverfahren, Kontinuierliches Extrahieren von Extraktionsgut-Lösungen, Kontinuierliches Extrahieren von Feststoffgemischen

- **Umfällen**
Theoretische Grundlagen, Allgemeine Grundlagen, Durchführung einer Umfällung

- **Chemisch-physikalische Trennung**
Allgemeine Grundlagen, Trennen durch Extraktion, Trennen durch Wasserdampfdestillation

- **Umkristallisation**
Physikalische Grundlagen, Allgemeine Grundlagen, Praktische Durchführung einer Umkristallisation, Alternative Umkristallisationsmethoden

- **Destillation, Grundlagen**
Allgemeine Grundlagen, Siedeverhalten von binären Gemischen, Durchführen einer Destillation

- **Gleichstromdestillation**
Allgemeine Grundlagen, Destillation von Flüssigkeiten bei Normaldruck, Destillation von Flüssigkeiten bei vermindertem Druck

- **Abdestillieren**

Der Rotationsverdampfer, Abdestillieren

- **Gegenstromdestillation**

Allgemeine Grundlagen, Destillationskolonnen, Rektifikation ohne Kolonnenkopf, Rektifikation mit Kolonnenkopf

- **Destillation azeotroper Gemischen**

Maximumazeotrop-Destillation, Minimumazeotrop-Destillation, Wasserdampfdestillation

- **Spezielle Destillationen**

Destillation unter Inertgas, Abdestillieren aus dem Reaktionsgefäss, Destillation unter Feuchtigkeitsausschluss, Kugelrohrdestillation

- **Sublimieren**

Physikalische Grundlagen, Sublimationsapparatur, Lyophilisationsapparatur

- **Zentrifugieren**

Physikalische Grundlagen, Laborzentrifugen

- **Chromatographie Grundlagen**

Einleitung, Die chromatographische Trennung, Begriffe und Erklärungen, Physikalische und chemische Effekte, Trennmechanismen, Stationäre Phasen, Entstehung und Verbreiterung von Peaks, Mobile Phasen, Chromatogramm, Kenngrössen, Integration von Chromatogrammen, Nachweisgrenze und Bestimmungsgrenze, Quantifizierungsmethoden

- **Dünnschichtchromatographie DC**

Einsatzbereich, Dünnschichtplatten, Probelösung und Probenauftragung, Eluiermittel, Entwicklung der DC-Platte, Lokalisierung der Analyten auf der DC-Platte, Auswertung von verschiedenen DC-Anwendungen, Interpretation von DC-Anwendungen, Dokumentation, Spezielle DC-Techniken, Präparative Dünnschichtchromatographie

- **Flash-Chromatographie**

Mobile Phase, Stationäre Phase, Manuelle Flash-Chromatographie, Instrumentelle Flash-Chromatographie

- **Flüssigchromatographie, HPLC**

Reversed Phase HPLC, Aufbau HPLC Anlagen, HPLC Pumpen, Einlasssystem bei der HPLC, Detektion in der HPLC, Mobile Phasen, Stationäre Phasen, Trennsysteme, Probevorbereitung, Behebung von Fehlern, Tipps und Tricks rund um die Basislinie, Tipps rund um die Retentionszeit, Tipps und Tricks rund um den Druck, Wenn Lecks auftreten

- **Gaschromatographie, GC**

Einleitung, Der Aufbau einer GC Anlage, Trägergasquelle, mobile Phase, Injektor, Einlasssystem, Trennsäule, stationäre Phase, Säulenofen, Detektoren, Auswertung, Probenvorbereitung, GC Troubleshooting

Inhaltsübersicht Band 4

- **Nachweis von Ionen in Lösungen**
Allgemeine Grundlagen, Kationen, Anionen, Zusammenfassung des praktischen Vorgehens

- **Organisch-quantitative Elementaranalyse**
Bestimmung von Stickstoff nach Kjeldahl, Weitere Aufschlussmethoden

- **Grundlagen der Massanalyse**
Einleitung, Masslösung, Titrationsarten und Methoden, Arbeitsvorbereitung, Berechnungen, Endpunktbestimmung, Potentiometrie, Voltammetrie / Ampèrometrie, Elektrodentypen, Potentiometrische Titration mit automatisierten Systemen, Praxistipps Titration

- **Neutralisationstitration in wässrigen Medium**
Theoretische Grundlagen, Äquivalenzpunktbestimmung, Titration von Säuren oder Basen, Allgemeine Arbeitsvorschrift direkte Titration, Allgemeine Arbeitsvorschrift indirekte Titration, Allgemeine Arbeitsvorschrift Rücktitration

- **Neutralisations-Titrationen in nichtwässrigem Medium**
Allgemeine Grundlagen, Neutralisation in nichtwässrigem Medium, Wahl des Lösemittels, Titration von schwachen Basen mit $HClO_4$, Endpunktbestimmung, Allgemeine Arbeitsvorschrift, Titration von schwachen Säuren mit TBAOH, Endpunktbestimmung, Allgemeine Arbeitsvorschrift Geräte

- **Redoxtitrationen in wässrigem Medium**
Chemische Grundlagen, Titration von oxidierbaren Stoffen mit Kaliumpermanganat, Titration von oxidierbaren Stoffen mit Iod, Bestimmung von reduzierbaren Stoffen mit Iodid

- **Fällungs-Titrationen**
Allgemeine Grundlagen, Masslösung, Endpunktbestimmung, Bestimmung von Halogenidionen mit Silbernitrat, Allgemeine Arbeitsvorschriften

- **Komplexometrische Titration**
Chemische Grundlagen, Allgemeine Grundlagen, Direkte Titration von Kupfer-Il-Ionen, Direkte Titration von Magnesium- oder Zink-Ionen, Direkte Titration von Calcium-Ionen, Substitutions-Titration von Barium-Ionen, Bestimmung der Wasserhärte

- **Wasserbestimmung nach Karl Fischer**
Einführung, Chemische Reaktionen, Masslösung, Detektionsmethoden, Praktische Durchführung, Literatur

- **Spektroskopie**
Theoretische Grundlagen, Absorptionsspektren, Emissionsspektren, Elektromagnetische Strahlung, Physikalische Zusammenhänge, Absorption, Absorptionsgesetze, Anwendung des Lambert-Beer'schen Gesetzes, Spektroskopischen Methoden: häufig verwendete Methoden in der organischen Chemie

- **UV-VIS Spektroskopie**

Grundlagen, UV-VIS Spektrophotometer, Geräteparameter, Gerätetests, Probenvorbereitung, Lösemittel, Küvetten, Messmethoden, Qualitative Interpretation von Spektren organischer Verbindungen

- **IR-Spektroskopie**

Physikalische Grundlagen, IR-Spektrometer, Aufnahmetechniken, Das IR Spektrum, Auswerten eines Spektrums, Interpretation eines Spektrums

- **1H-NMR-Spektroskopie**

Einführung in die 1H-NMR-Spektroskopie, Zur Geschichte der NMR-Spektroskopie, Grundlagen, Das NMR-Gerät, Spektreninterpretation, Probenvorbereitung, Kriterien zur Auswertung von Spektren, Gehaltsbestimmungen, Interpretationshilfen

- **Massenspektroskopie**

Grundlagen, Begriffe und Erklärungen, Ionen-Erzeugung, Analysatoren, Detektoren, Kopplungen MS mit anderen Methoden, Aufbau und Aussagen eines Massenspektrums, Isotopen-Verhältnis bei Chlor und Brom, Verzeichnis von charakteristischen Massendifferenzen

Inhaltsverzeichnis

Wägen

© Springer International Publishing Switzerland 2017

aprentas (Hrsg.), *Laborpraxis Band 2: Messmethoden*, DOI 10.1007/978-3-0348-0968-9_1

Die Waage ist eines der ältesten Kulturgüter und ist bis heute von grosser Wichtigkeit im täglichen Leben. Eine Waage gehört einfach in Haushalt, Handel, Industrie, Gewerbe oder Medizin dazu. Praktisch das gesamte aktuelle Laborpersonal verwendet dieses Messinstrument am häufigsten in ihrer alltäglichen Arbeit.

1.1   Physikalische Grundlagen

Unter Wägen versteht man das Bestimmen der Masse oder der Gewichtskraft eines Körpers. Dies geschieht durch Vergleichen des zu wägenden Körpers mit einer bestimmten Masse oder Kraft.

1.1.1   Masse

Jeder Körper besitzt eine Masse. Sie ist gegeben durch die Zahl und Art der Atome aus welchen er besteht.

> Die SI-Basiseinheit der Masse ist das Kilogramm (kg).

Das Kilogramm ist definiert durch das Urkilogramm. Es entspricht einem Zylinder mit der Höhe von 39 mm und einem Durchmesser von 39 mm und besteht aus einer Legierung der Edelmetalle Platin (90 %) und Iridium (10 %). Das Urkilogramm wird verwahrt vom Internationalen Büro für Mass und Gewicht in Paris.

Die Masse ist eine vom geographischen Ort unabhängige Grösse.

◘ Tab. 1.1 zeigt die vom Kilogramm abgeleiteten Grössen.

◘ **Tab. 1.1** SI-Einheit Kilogramm und davon abgeleitete Grössen

1 Tonne (t)	=	$1 \cdot 10^3$ Kilogramm	=	1000 Kilogramm
1 Kilogramm (kg)	=	$1 \cdot 10^0$ Kilogramm	=	1000 Gramm
1 Gramm (g)	=	$1 \cdot 10^{-3}$ Kilogramm	=	1000 Milligramm
1 Milligramm (mg)	=	$1 \cdot 10^{-6}$ Kilogramm	=	1000 Mikrogramm
1 Mikrogramm (µg)	=	$1 \cdot 10^{-9}$ Kilogramm		

1.1.2   Gravitationskraft, Fallbeschleunigung / Gewichtskraft

Die Gravitationskraft oder Schwerkraft ist die Kraft, mit der jeder Körper zum Erdmittelpunkt hin angezogen wird. Sie verursacht die Fallbeschleunigung.

Wird der Körper nun auf eine Unterlage gelegt, oder an einer Aufhängung festgemacht wird der Körper am freien Fall gehindert und übt eine Kraft auf die Unterlage, respektive den Aufhängepunkt aus. Diese Kraft wird als Gewichtskraft des Körpers bezeichnet.

Berechnungen:

$$\text{Gewichtskraft } (F_{\text{G}}) = \text{Masse } (m) \cdot \text{Fallbeschleunigung } (g)$$

Die Fallbeschleunigung beträgt annähernd $9{,}81\,\frac{\text{m}}{\text{s}^2}$
Die Gewichtskraft (F_{G}) wird in Newton (N) angegeben.

$$N = \frac{\text{kg} \cdot \text{m}}{\text{s}^2}$$

Die Grösse der Fallbeschleunigung, und damit die der Gewichtskraft, nimmt mit zunehmender Entfernung vom Erdmittelpunkt ab. Wie die ◨ Abb. 1.1 zeigt, ist die Gewichtskraft abhängig von der geographischen Lage, definiert als geografische Breite und Höhe über dem Meeresspiegel, und der Masse eines Körpers.

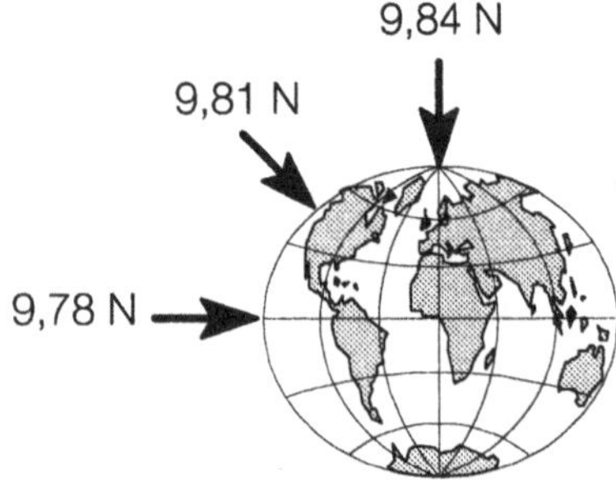

◨ **Abb. 1.1** Fallbeschleunigung an verschiedenen Punkten der Erde

1.1.3 Physikalische Wägeprinzipien

Vergleich Masse – Masse = Bestimmung der Masse
Vergleich Masse – Kraft = Bestimmung der Gewichtskraft

Masse-Masse Vergleich

Beim Masse-Masse Vergleich wird die unbekannte Masse mit einer bekannten Masse nach dem Hebelgesetz verglichen, wie die ◨ Abb. 1.2 zeigt.

Das Hebelgesetz

Hebel sind im Gleichgewicht, wenn die Drehmomente der Last (Last · Lastarm) und der Kraft (Kraft · Kraftarm) gleich gross sind sowie entgegengesetzten Drehsinn haben.

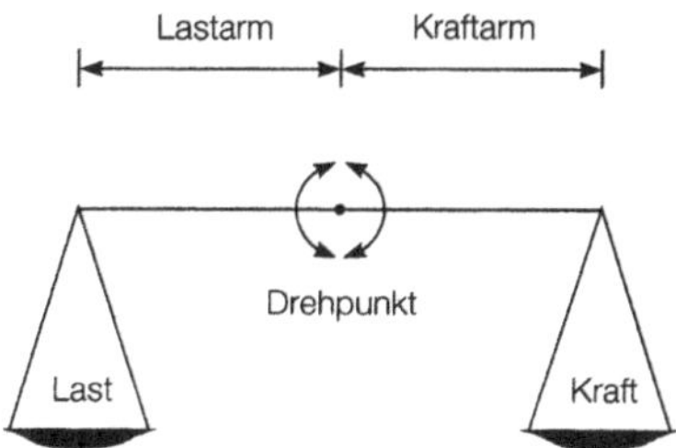

◘ Abb. 1.2 Hebelgesetz

Massenvergleiche werden mit so genannten Hebelwaagen, welche auch als Balkenwaagen bezeichnet werden, durchgeführt.

Masse-Kraft Vergleich

Beim Masse-Kraft Vergleich wird die unbekannte Masse mit der bekannten Kraft einer Feder oder eines Elektromagneten verglichen.

Wie die ◘ Abb. 1.3 zeigt, kommt bei Federwaagen die Kraftwirkung in Form der elastischen Deformation einer Feder zustande.

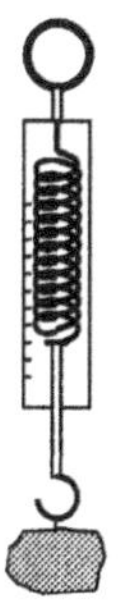

◘ Abb. 1.3 Federwaage

Wie die ◘ Abb. 1.4 zeigt, funktionieren elektronische Waagen meist nach dem Prinzip der elektromagnetischen Kraftkompensation.

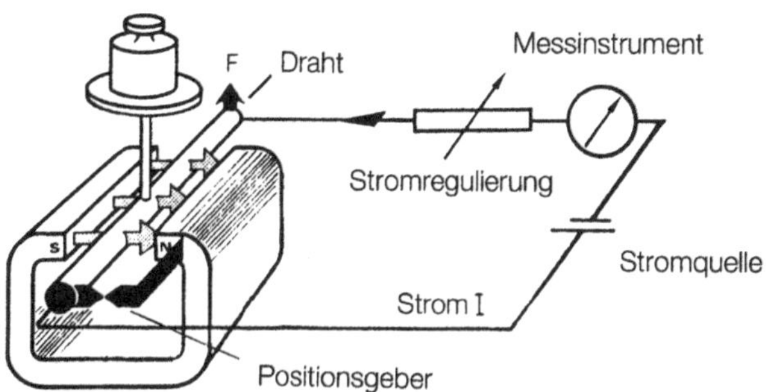

◘ Abb. 1.4 Elektromagnetische Kraftkompensation

In dieser Abbildung ist ein System dargestellt, in welchem sich ein Draht zwischen den Polen eines Permanentmagneten befindet. Sendet man mit Hilfe der Stromquelle einen Strom (I)

durch den Draht, so tritt eine Kraft (F) auf, die den Draht in die gezeichnete Richtung aus dem Spalt des Magneten hinausbewegen will. Erreicht die Kraft (F) den Wert des Eigengewichtes des Drahtes, wird dieser im Magnetfeld schweben, was als Nullpunkt definiert ist. Wird nun die Waagschale mit dem Wägegut belastet, so wird der Draht als Folge der Schwerkraft in den Magneten hineingedrückt. Die eingebaute Elektronik kompensiert nun die zusätzliche Gewichtskraft, indem sie einen stärkeren Strom durch den Draht sendet bis der Positionsgeber wieder die Ursprungslage registriert.

Dieses Messprinzip ergibt ein nahezu lineares Verhältnis zwischen Strom und erzeugter Kraft. Das Messinstrument, in diesem Fall ist das eigentlich ein Ampèremeter, wird in Gramm kalibriert. Damit lässt sich direkt die Masse bestimmen. Durch diese reibungsarme Konstruktion können hochempfindliche Waagen gebaut werden.

In modernen Labors werden fast ausschliesslich Waagen, welche nach dem Prinzip der elektromagnetischen Kraftkompensation arbeiten, verwendet.

> **Masse-Kraft Vergleiche sind ortsabhängig. Eine Waage muss immer vor Ort mit Kalibriergewichten justiert werden.**

1.2 Allgemeine Grundlagen

1.2.1 Waagetypen

Laborwaagen werden allgemein aufgrund ihrer Höchstbelastbarkeit und Ablesbarkeit unterteilt.

◻ Tab. 1.2 Waagetypen

Mettler-Toledo-Waagen	Ablesbarkeit	Maximalbelastung
Präzisionswaage	0,1 bis 100 mg	210 g bis 64 kg
Analysenwaage	0,005 bis 0,1 mg	120 bis 520 g
Mikrowaage	bis zu 0,0001 mg	6 bis 52 g

Eine Wägung kann mit unterschiedlichen Fehlertoleranzen durchgeführt werden. Die zu verwendende Waage muss diesen Genauigkeitsanforderungen entsprechen. Unter Genauigkeit versteht man die Übereinstimmung der Anzeige der Waage mit dem wahren Wert des Wägegutes. Massgebend ist dabei die Maximalbelastung der Waage, wegen der Fehlertoleranz die kleinste noch angezeigte Massendifferenz und die Reproduzierbarkeit, was die Übereinstimmung von wiederholten Wägungen bedeutet.

1.2.2 Wahl der Waage

Je nach Art der Wägung muss ein dem Wägeproblem entsprechender Waagetyp eingesetzt werden. Bei der Auswahl der geeigneten Waage ist die erlaubte *Fehlertoleranz* das wichtigste Entscheidungskriterium.

Folgendes Beispiel soll dies verdeutlichen:

> Auf der zur Verfügung stehenden Waage ist die kleinste noch ablesbare Massedifferenz 0,0001 g. Das bedeutet, für eine analytische Arbeit müssen mindestens 0,1000 g Substanz eingewogen werden um in der erlaubten *Fehlertoleranz für analytische Arbeiten* von ≤ ±0,1 % zu bleiben. Für eine synthetische Arbeit müssen auf der gleichen Waage mindestens 0,01 g abgewogen bleiben um in der *Fehlertoleranz für präparative Arbeiten* von ≤ ±1 % zu bleiben.

1.2.3 Standort der Waage

Anforderungen an einen guten Wägetisch:
- stabil,
- erschütterungsfrei,
- geschützt gegen statische Aufladungen,
- nicht magnetisch.

Anforderungen an den Arbeitsraum:
- erschütterungsarm,
- zugluftfrei,
- stabile Raumtemperatur,
- Luftfeuchte zwischen 45 bis 60 %,
- keine direkte oder einseitige Wärmebestrahlung.

1.2.4 Wägehilfsmittel

Zum Schutz der Waage werden Chemikalien nicht direkt auf der Waagschale abgewogen. Man benötigt zum Wägen Hilfsmittel, wie sie in ◘ Tab. 1.3 aufgelistet sind.

Beim Wägen von Feststoffen im präparativen Massstab wird als Hilfsmittel meist ein Wägepapier verwendet. Zum Abwägen von Flüssigkeiten werden übliche Laborgefässe wie zum Beispiel Erlenmeyerkolben mit Schliffstopfen benutzt. Nach Möglichkeit soll die Substanz direkt in das Gefäss abgewogen werden, mit dem später weiter gearbeitet wird. Durch das direkte Abwägen werden Substanzverluste durch Umfüllen vermieden. Ist ein direktes Abwägen nicht möglich, sind Wägehilfsmittel verfügbar.

❯ **Der maximalen Belastbarkeit der Waage muss dabei Beachtung geschenkt werden.**

◘ **Tab. 1.3** Eine Auswahl von Wägehilfsmitteln

Abzuwägender Stoff	Mögliches Wägegefäss
Fest	Wägeschiff (verschiedene Materialien)

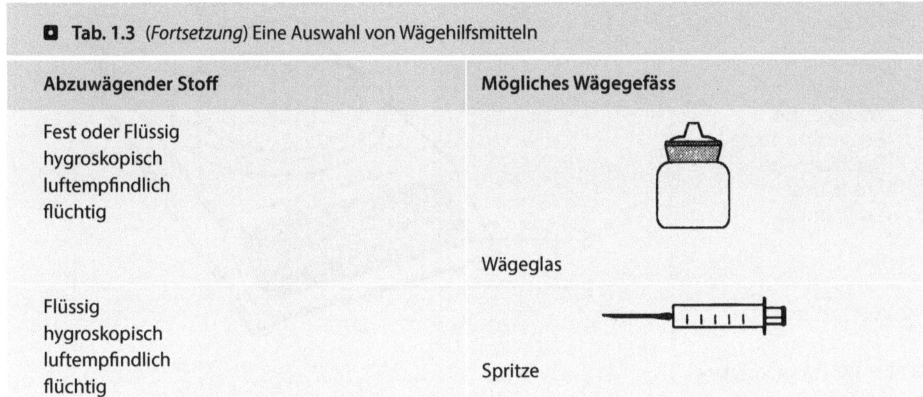

◘ Tab. 1.3 *(Fortsetzung)* Eine Auswahl von Wägehilfsmitteln

Abzuwägender Stoff	Mögliches Wägegefäss
Fest oder Flüssig hygroskopisch luftempfindlich flüchtig	Wägeglas
Flüssig hygroskopisch luftempfindlich flüchtig	Spritze

Flüchtige oder hygroskopische Stoffe, die nach dem Wägen gelöst werden, können direkt in das vorgelegte Lösemittel abgewogen werden.

Beim Wägen von Gasen, beispielsweise beim Einleiten in ein Reaktionsgemisch einer Synthese, wird der Druckzylinder direkt auf eine Waage gestellt und mit Differenzwägung die entnommene Gasmenge bestimmt.

Bei empfindlichen Wägungen muss der zu wägende Gegenstand die gleiche Temperatur wie die Waage aufweisen.

1.2.5 Bedienung der Waage

Folgende Punkte gilt es bei der Bedienung einer Waage zu beachten:

- Waagen brauchen Aufwärmphasen damit sich ein thermisches Gleichgewicht in der Waage einstallen kann. Daher werden Waagen normalerweise nicht ganz ausgeschaltet sondern in einem Stand-by Modus belassen.
- Die Waage muss waagerecht aufgestellt sein. Viele Waagen haben eine so genannte Libelle eingebaut. Befindet sich die Luftblase der Libelle im Zentrum, zeigt sie den waagrechten Stand an. Mit den Schrauben an den Stellfüssen lassen sich Abweichungen ausgleichen.
- Waagen müssen regelmässig bezüglich Genauigkeit und Reproduzierbarkeit überprüft und gegebenenfalls justiert werden.
- Das Wägegut wird in der Mitte der Waagschale platziert.
- Es wird das kleinst- und leichtest-mögliche Wägehilfsmittel verwendet.
- Elektrostatische Aufladungen sind zu vermeiden.
- Wägehilfsmittel und Wägegut sollten Umgebungstemperatur aufweisen.

1.3 Waagen

1.3.1 Präzisionswaagen

Präzisionswaagen, wie ein Beispiel in ◘ Abb. 1.5 zu sehen ist, funktionieren heute fast alle nach dem Prinzip der elektromagnetischen Kraftkompensation und leisten für präparative Arbeiten gute Dienste. Oftmals besitzen diese Waagen einen Feinbereich mit zehnmal höherer Anzeigegenauigkeit als im Grobbereich. Mettler Toledo nennt solche Waagen *Delta Range*.

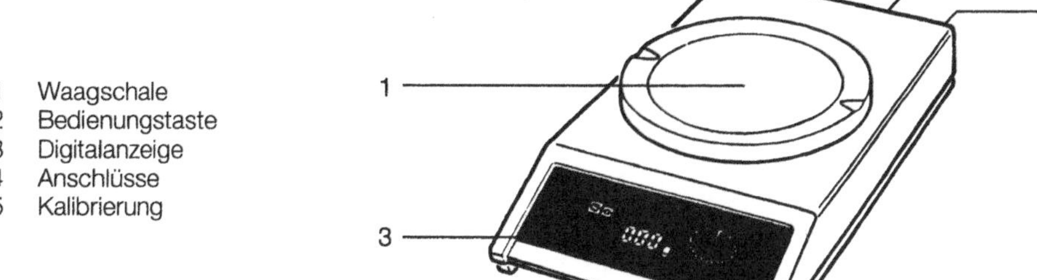

1   Waagschale
2   Bedienungstaste
3   Digitalanzeige
4   Anschlüsse
5   Kalibrierung

◘ **Abb. 1.5** Präzisionswaage

1.3.2 Analysenwaagen

Analysenwaagen, wie ein Beispiel in ◘ Abb. 1.6 zu sehen ist, funktionieren heute fast alle nach dem Prinzip der elektromagnetischen Kraftkompensation. Für die Tara-Einstellung steht der ganze Wägebereich zur Verfügung. Manche Modelle besitzen auch einen Feinbereich. Mettler Toledo nennt solche Waagen *Delta Range*.

Elektronische Analysenwaagen haben in der Regel eingebaute Kalibriergewichte, welche eine rasche Justierung der Gewichtsanzeige ermöglicht.

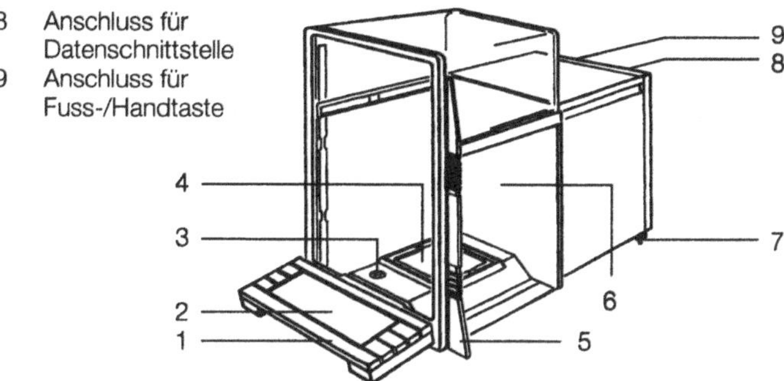

1   Bedienungstaste   8   Anschluss für
    (Ein/Aus, Tara,   Datenschnittstelle
    Stillstandskontrolle,   9   Anschluss für
    Integrationszeit,   Fuss-/Handtaste
    Wägebereich)
2   Digitalanzeige
3   Libelle
4   Waagschale
5   Schiebegriff
6   Schiebefenster
7   Schraubfüsse

◘ **Abb. 1.6** Analysenwaage

1.3.3 Mikrowaagen

Mikrowaagen eignen sich besonders zum Wägen sehr kleiner Proben direkt in den tarierten Behälter. Mikrowaagen sollen nach Möglichkeit in eine Wärmekammer mit kontrollierter Temperatur und Luftfeuchtigkeit gestellt werden.

1.4 Zusammenfassung

Ohne Massenbestimmung lässt sich keine exakte Wissenschaft betreiben. Dies gilt im Chemielabor sowohl im präparativen Bereich, als auch in der Analytik, wo Quantifizierungen ohne Massenbestimmungen unmöglich sind. Je nach Einsatzgebiet, werden an eine Wägung unterschiedliche Anforderungen bezüglich zu bestimmende Masse oder bezüglich erlaubter Fehlertoleranzen gestellt.

Weiterführende Literatur

Website von Mettler Toledo: http://ch.mt.com/ch/de/home/products/Laboratory_Weighing_Solutions.html, geöffnet am 17. April 2015

2

Volumenmessen

© Springer International Publishing Switzerland 2017
aprentas (Hrsg.), *Laborpraxis Band 2: Messmethoden*, DOI 10.1007/978-3-0348-0968-9_2

2.1   Physikalische Grundlagen

Wer das Volumen misst, bestimmt dabei den Rauminhalt von Feststoffen, Flüssigkeiten oder Gasen. Dieses Kapitel widmet sich vornehmlich dem Messen von Flüssigkeitsvolumina.

2.1.1   Volumen

> **Der Kubikmeter (m^3) ist die abgeleitete SI-Einheit für das Volumen**

◘ Tab. 2.1 zeigt die vom Kubikmeter abgeleiteten Volumeneinheiten:

◘ **Tab. 2.1** Von der SI-Einheit Meter abgeleitete Einheiten für das Messen von Volumina

1 Kubikmeter (m^3)	=	1000	Liter	=	$1 \cdot 10^3$ Liter
1 Kubikdezimeter (dm^3)	=	1	Liter	=	$1 \cdot 10^0$ Liter
1 Milliliter (mL)	=	0,001	Liter	=	$1 \cdot 10^{-3}$ Liter
1 Mikroliter (µL)	=	0,000001	Liter	=	$1 \cdot 10^{-6}$ Liter

Wie die ◘ Abb. 2.1 zeigt, entspricht die Masseinheit 1 Liter dem Volumen eines Würfels mit einer Kantenlänge von 1 Dezimeter (dm).

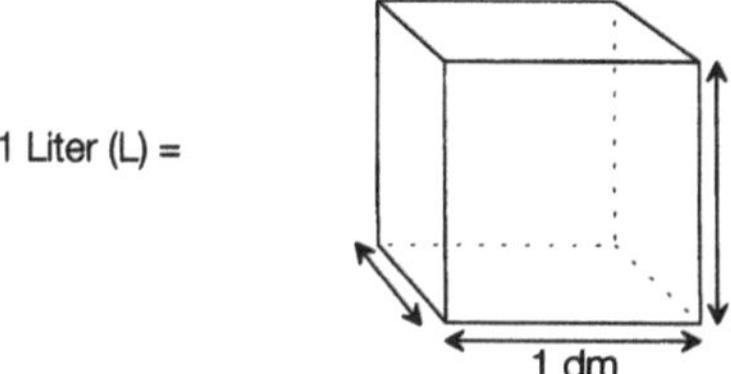

◘ **Abb. 2.1** Literwürfel bildlich dargestellt

Das Volumen eines Stoffes – fest, flüssig oder gasförmig – ist abhängig von der Temperatur und nimmt beim Erwärmen zu. Die *Anomalie des Wassers* im Bereich von zirka 4 °C bildet eine Ausnahme.

2.2   Allgemeine Grundlagen

Zum Abmessen von Flüssigkeiten steht eine Vielzahl von Volumenmessgeräten zur Verfügung. Um Volumina exakt messen zu können, ist für jedes Messgerät eine spezifische, genau vorgeschriebene Arbeitstechnik nötig. Das folgende Kapitel beschränkt sich auf eine Auswahl von Messgeräten, die im Labor häufig Verwendung finden.

2.2.1 Beschriftung von Volumenmessgeräten

◘ Abb. 2.2 zeigt die Beschriftung von Volumenmessgeräten am Beispiel einer Vollpipette.

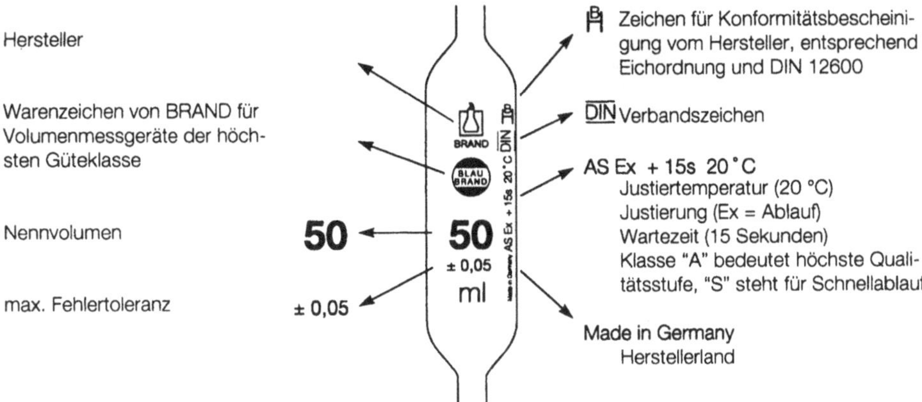

◘ **Abb. 2.2** Vollpipette mit Beschriftung

2.2.2 Justierangaben auf Messgeräten

Klasse A

Die Abweichung vom Nennvolumen ist in der Regel kleiner als ±0,2 %. Diese Geräte sind amtlich eichfähig. Anwendung für analytische Arbeiten, keine Wartezeit.

Klasse AS

Die Abweichung vom Nennvolumen ist in der Regel kleiner als ±0,2 %. Diese Geräte sind amtlich eichfähig. Anwendung für analytische Arbeiten unter Einhalten einer angegebenen Wartezeit.

Klasse B

Die Abweichung vom Nennvolumen kann maximal doppelt so gross sein wie bei gleich grossen Messgeräten der Klasse A und AS. Diese Geräte sind amtlich nicht eichfähig und finden Anwendung für präparative Arbeiten. Es besteht keine Wartezeit.

2.2.3 Ablesen und Einstellen des Meniskus

Viele Volumenmessgeräte verlangen das Ablesen der Messwerte von Auge. Wie in der ◘ Abb. 2.3 abgebildet, stellt der Meniskus, das ist die Folge der Adhäsionskraft zwischen der Wand des Messgefässes und der gemessenen Flüssigkeit, eine Herausforderung dar. Der Meniskus einer benetzenden Flüssigkeit ist waagrecht vor den Augen so einzustellen, dass sein tiefster Punkt und der obere Rand des gewählten Teilstrichs in einer Ebene liegen. Waagrecht bedeutet, dass kein Parallaxenfehler vorliegt.

> Ein Parallaxenfehler entsteht, wenn nicht im rechten Winkel auf Augenhöhe auf die Skala geblickt wird.

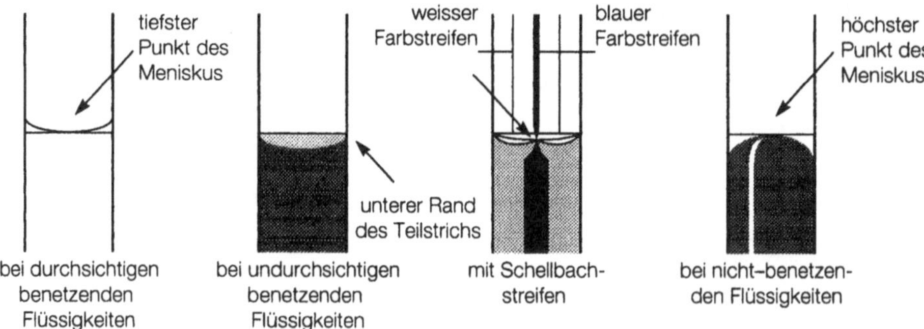

◻ **Abb. 2.3** Menisken von Flüssigkeiten

2.2.4 Justierung

In

In-Geräte sind auf *Einguss* justiert. Bei eingestelltem Meniskus befindet sich die angegebene Menge im Gerät. Es ist unmöglich, diese Flüssigkeitsmenge quantitativ ohne auszuspülen zu entnehmen, weil sich die Gerätewand benetzt.

Ex

Ex-Geräte sind auf *Ablauf* justiert. Bei eingestelltem Meniskus befindet sich etwas mehr Flüssigkeit im Messgerät, als das Nennvolumen angibt. Nach Ablauf der Flüssigkeit wird das Mehrvolumen im Gerät beispielsweise in der Pipettenspitze zurückbleiben. Bei AS Geräten mit der Bezeichnung Ex + 15 s ist nach Ablauf der Flüssigkeit eine Wartezeit von 15 Sekunden einzuhalten.

2.2.5 Ablaufzeit und Ablaufverhalten

Die Ablaufzeit ist die Zeitspanne des zusammenhängenden Ablaufs der bis zur Ringmarke gefüllten, senkrecht an eine geneigte Gefässwandung gehaltenen Pipette bis zum Abreissen des Ablaufstroms.

Das Ablaufverhalten wird beeinflusst durch Dichte, Oberflächenspannung und Viskosität der Messflüssigkeit.

2.2.6 Wartezeit

Die Wartezeit ist die Zeitspanne, die nach Beendigung des zusammenhängenden Ablaufs gewartet werden muss, um das gewünschte Volumen zu erhalten. Wird diese Wartezeit bei AS-Geräten nicht eingehalten, so entsteht der Nachlauffehler. Durch die Benetzung der Glaswand mit der zu messenden Flüssigkeit entsteht ein Flüssigkeitsfilm, der erst nach einer gewissen Zeit nachgelaufen ist. Während dieser Wartezeit wird sich also der abzulesende Wert noch verändern. Bei Geräten der Klasse A und B entfällt die Wartezeit.

2.2.7 Gerätefehler

Die Wahl der verwendeten Messgeräte hängt von der Qualitätsanforderung an das Messergebnis ab. Um die benötigte Genauigkeit eines Ergebnisses erreichen zu können, müssen neben dem Einhalten der exakten vorgeschriebenen Arbeitstechnik auch mögliche Gerätefehler wie beispielsweise die Fehlergrenze berücksichtigt werden.

Die Abweichung in ±% des Volumens hängt vor allem von der Grösse des Messgerätes ab. ◘ Tab. 2.2 zeigt die technischen Spezifikationen von Vollpipetten.

◘ **Tab. 2.2** Technische Spezifikationen der Vollpipetten Klasse A und B

	Klasse B		Klasse A	
Grösse in mL	Fehlertoleranz in mL	Abweichung in %	Fehlertoleranz in mL	Abweichung in %
1	±0,015	±1,5	±0,007	±0,7
10	±0,04	±0,4	±0,02	±0,2
50	±0,1	±0,2	±0,05	±0,1

◘ Tab. 2.3 zeigt die technischen Spezifikationen bei Eppendorf-Pipetten.

◘ **Tab. 2.3** Technische Spezifikationen aus der Eppendorf SOP für Reference fix Pipetten

Volumina in µL	Fehlertoleranz in µL	Abweichung in %
100	±0,6	±0,6
1000	±6,0	±0,6
2500	±15,0	±0,6

2.2.8 Reinigen von wiederverwendbaren Volumenmessgeräten

Das Erreichen der gewünschten Messgenauigkeit bedingt, dass alle Volumenmessgeräte aus Glas sauber sind und die Innenwand absolut frei von wasserabstossenden Stoffen, insbesondere von Fett, gehalten werden. Sichtbar wird das durch vollständiges Nachlaufen und einen deutlichen Meniskus.

Wiederverwendbare Geräte werden nach ihrer Verwendung mit Wasser gespült, dann mit einem geeigneten Netzmittel, Säure oder mit alkoholischer Lauge gereinigt. Bei längerer Einwirkungsdauer in alkalischen Reinigungsmitteln, besonders bei erhöhten Temperaturen und hoher Konzentration, kann die Skalenbeschriftung abgelöst und die Glaswand angegriffen werden. Zum Schluss muss mehrmals mit entionisiertem Wasser nachgespült werden. Die Geräte werden anschliessend bei maximal 80 °C im Trockenschrank getrocknet.

Häufig wird zum Reinigen von Pipetten eine Pipettenwaschkombination eingesetzt. Damit werden die Arbeitsgänge Waschen-Spülen-Trocknen automatisch ausgeführt. In einer Pipettenwaschkombination dürfen nie gefettete Glasteile wie Rührer oder empfindliche Glasteile wie Thermometer gewaschen werden. Fettrückstände in einer Pipettenwaschkombination verteilen sich auf allen gewaschenen Pipetten und machen sie damit unbrauchbar.

> **Bleiben nach dem Ablaufen Wassertropfen irgendwo an der Wandung einer Pipette zurück, ist die Messung für analytische Zwecke nicht geeignet. Solche Pipetten müssen entweder sorgfältig gereinigt oder entsorgt werden.**

2.3   Volumenmessgeräte in der Praxis

2.3.1   Messzylinder

Messzylinder, wie ein Beispiel in ◘ Abb. 2.4 zu sehen ist, sind Messgeräte der Klasse B. Sie sind auf *In* justiert, werden in der Praxis aber ausschliesslich als Ausgussgerät und hauptsächlich für präparative Zwecke verwendet.

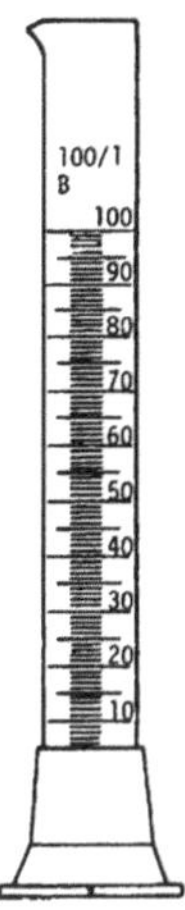

◘ **Abb. 2.4** Messzylinder

Um die Messfehler möglichst klein zu halten, ist die Grösse des Messzylinders dem abzumessenden Volumen anzupassen. Am besten wird der kleinstmögliche Messzylinder verwendet, mit dem noch das ganze Volumen abgelesen werden kann.

2.3.2   Messpipetten

Messpipetten, wie ein Beispiel in ◘ Abb. 2.5 zu sehen ist, sind Messgeräte, mit denen beliebige Flüssigkeitsmengen abgemessen werden können. Sie sind erhältlich in den Klassen A, AS und B. Die Messpipetten sind auf *Ex* justiert. Entsprechend ihrer Konstruktion wird unterschieden zwischen Messpipetten für teilweisen Ablauf und für solche mit vollständigem Ablauf.

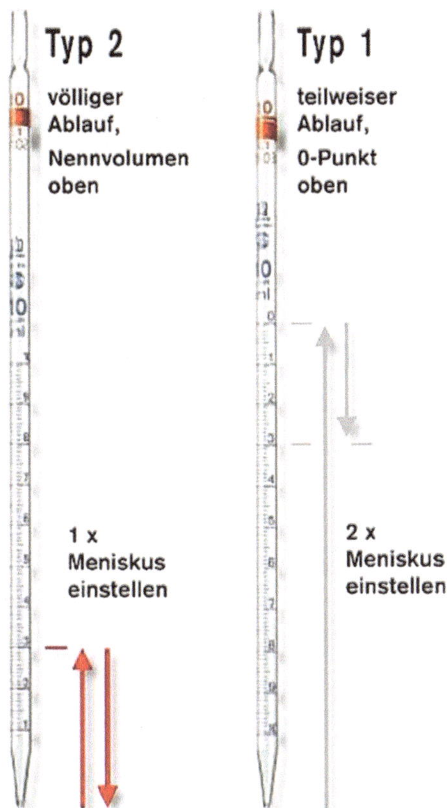

❏ **Abb. 2.5** Teilweiser und vollständiger Ablauf. (Mit freundlicher Genehmigung von BRAND GMBH + CO KG, Wertheim, Deutschland)

Handhabung für teilweisen Ablauf

Füllen:
- Immer eine Pipettierhilfe verwenden! Nie mit dem Mund saugen.
- Pipette überprüfen: Ist sie sauber, fettfrei und ist die Spitze intakt?
- Flüssigkeit aufsaugen bis zirka 10 mm über die Nullmarke.
- Pipette aussen abtrocknen.
- Pipette senkrecht auf Augenhöhe halten.
- Ablaufspitze an die Innenwand des schräggehaltenen Gefässes anlegen und Meniskus auf die Nullmarke einstellen.
- Pipettenspitze an der Gefässwand abstreifen.

Entleeren:
- Pipette senkrecht halten, Ablaufspitze an die Innenwand des schräggehaltenen Gefässes anlegen und Inhalt bis zirka 10 mm oberhalb der gewünschten Marke auslaufen lassen.
  - Klasse AS: Wartezeit von 15 Sekunden einhalten; erst nach Ablauf der Wartezeit die Pipettenspitze am Gefässrand abstreifen.
- Meniskus auf Augenhöhe auf die gewünschte Marke einstellen.
- Pipettenspitze an der Gefässwand abstreifen.

Handhabung für vollständigen Ablauf

Füllen:

- Immer eine Pipettierhilfe verwenden! Nie mit dem Mund saugen.
- Pipette überprüfen: ist sie sauber und fettfrei? Ist die Spitze intakt?
- Flüssigkeit aufsaugen bis zirka 10 mm über die gewünschte Marke.
- Pipette aussen abtrocknen.
- Pipette senkrecht auf Augenhöhe halten Ablaufspitze an die Innenwand des schräggehaltenen Gefässes anlegen und Meniskus auf die Ringmarke einstellen.
- Pipettenspitze an der Gefässwand abstreifen.

Entleeren:

- Pipette senkrecht halten.
- Ablaufspitze an die Innenwand des schräggehaltenen Gefässes anlegen und Inhalt ablaufen lassen.
- 3 Sekunden nach Beendigung des zusammenhängenden Ablaufs, sobald sich also in der Pipettenspitze ein bleibender Meniskus gebildet hat, Pipette an der Gefässwand abstreifen.
    - Klasse AS: Wartezeit von 15 Sekunden einhalten. Erst nach Ablauf der Wartezeit Pipettenspitze an der Gefässwand abstreifen.
    - Bei Ausblasmesspipetten – mit *Blow-out* bezeichnet – wird die in der Spitze verbleibende Flüssigkeit mit der Pipettierhilfe ausgeblasen.

2.3.3 **Vollpipetten**

Vollpipetten, wie ein Beispiel in ◘ Abb. 2.6 zu sehen ist, sind vorwiegend in den Klassen A und AS erhältlich. Mit Vollpipetten lassen sich genau bestimmte Flüssigkeitsmengen abmessen. Sie sind auf *Ex* justiert.

Füllen:

- Immer eine Pipettierhilfe verwenden! Nie mit dem Mund saugen.
- Pipette überprüfen: Ist sie sauber, fettfrei, und die Spitze intakt?
- Flüssigkeit aufsaugen bis zirka 10 mm über die Ringmarke.
- Pipette aussen abtrocknen.
- Pipette senkrecht auf Augenhöhe halten Ablaufspitze an die Innenwand des schräggehaltenen Gefässes anlegen und Meniskus auf die Ringmarke einstellen.
- Pipette am Gefässrand abstreifen.

Entleeren:

- Pipette senkrecht halten.
- Ablaufspitze an die Innenwand des schräggehaltenen Gefässes halten und Inhalt ablaufen lassen.
    - Klasse A und B: Sobald sich ein bleibender Meniskus gebildet hat, Pipette an der Gefässwand abstreifen.
    - Klasse AS: Wartezeit von 15 Sekunden einhalten und erst nach Ablauf der Wartezeit Pipettenspitze an der Gefässwand abstreifen.
    - Bei Ausblasvollpipetten – mit *Blow-out* bezeichnet – wird die in der Spitze verbleibende Flüssigkeit mit dem Pipettierhilfe ausgeblasen.

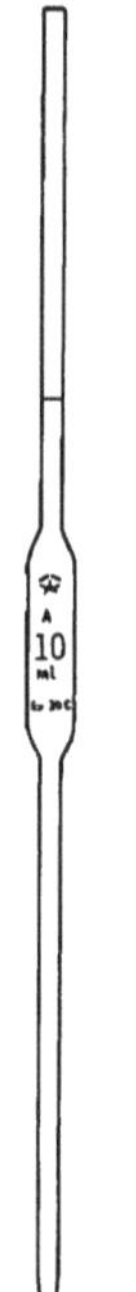

▣ Abb. 2.6 Vollpipette

2.3.4 Messkolben

Messkolben, wie ein Beispiel in ▣ Abb. 2.7 zu sehen ist, sind Messgefässe der Qualitätsklasse A. Sie werden in der Analytik zur Herstellung von Lösungen mit genauem Gehalt, sowie zum Ansetzen von Verdünnungen verwendet, Messkolben sind deshalb auf *In* justiert.

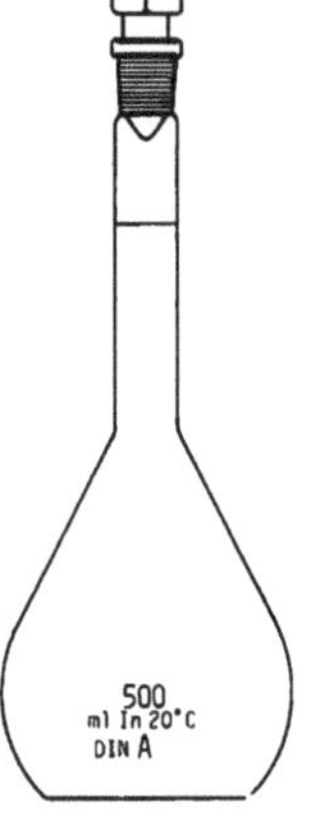

▣ Abb. 2.7 Messkolben

Füllen:
- Messkolben überprüfen: Ist er sauber, fettfrei, ist der Schliff und der Stopfen intakt?
- Substanz in ungefähr der halben Lösemittelmenge lösen.
- Mit Lösemittel bis zirka 2 cm unter die Marke auffüllen.
- Messkolben zirka 30 Minuten bei der Justiertemperatur thermostatisieren (weicht die Temperatur der nachfolgenden Messung von der Justiertemperatur ab, ist es sinnvoll, auf diese Temperatur zu thermostatisieren).
- Sind Lösungen im Messkolben während der Herstellung oder Verdünnung keinerlei Temperaturschwankungen unterworfen, kann auf das Thermostatisieren verzichtet werden.
- Mit Lösemittel tropfenweise auf die Marke einstellen, ohne dass der Kolbenhals benetzt wird.
- Lösung gut durchmischen.

2.3.5 Bürette

Büretten, wie ein Beispiel in ▪ Abb. 2.8 zu sehen ist, sind auf *Ex* justierte Volumenmessgeräte, die zur Titration in der Massanalyse eingesetzt werden.

Sie finden dort Anwendung, wo die benötigte Flüssigkeitsmenge nicht von Vornherein bekannt ist. In der Regel wird weniger als das Nennvolumen dosiert.

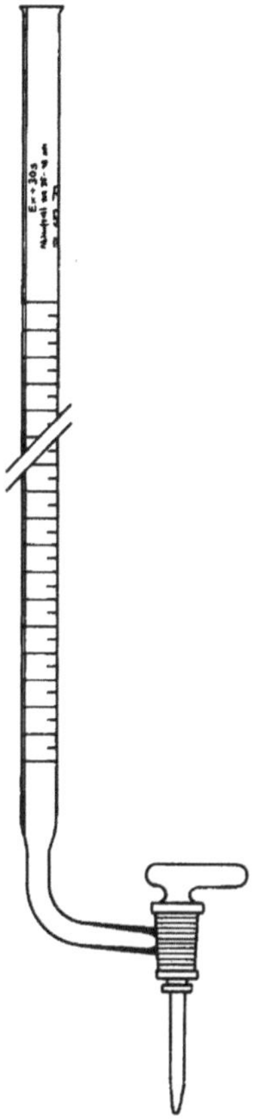

▪ **Abb. 2.8** Bürette

Büretten sind in folgenden Klassen erhältlich: AS (*Ex* + 30 s), sowie B (*Ex*).

Büretten werden heute weitgehend durch Motorkolbenbüretten ersetzt.

2.3.6 Motorkolbenbürette

Eine Motorkolbenbürette besteht aus der *Wechseleinheit* mit einer *Kolbenbürette* und aus einem Antriebsaggregat, welches *Dosimat* genannt werden kann. Die abzumessende Reagenzlösung wird mit Hilfe eines Kolbens aus dem kalibrierten Glaszylinder herausgestossen.

Dosimat

Der Motor wird zum Füllen der Kolbenbürette oder zum Ausstossen der Reagenzlösung verwendet. Die Nullpunkteinstellung erfolgt automatisch. Die Ausstossgeschwindigkeit ist regulierbar und das Ausstossen erfolgt durch Drücken eines Dosierknopfes.

Das Gerät ist zum kontinuierlichen oder intervallweisen Dosieren eingerichtet. Die Ablesung ist bis auf 0,001 mL genau möglich.

In Kombination mit einem Steuergerät lassen sich verschiedene Dosieraufgaben automatisieren.

Wechseleinheit

Der Glaszylinder der Kolbenbürette ist mit einem genau eingepassten und teflonbeschichteten Kolben zusammen mit dem Vorratsgefäss für die Reagenzlösung auf der Wechseleinheit montiert. Die Reagenzlösung kann durch eine Dosierspitze aus Kunststoff ausgestossen werden.

Mit einem Hahn kann der Zylinder je nach Modell automatisch oder manuell zum Füllen mit dem Vorratsgefäss oder zum Entleeren mit der Dosierspitze verbunden werden.

Die ganze Wechseleinheit kann nur in der Nullstellung des Geräts vom Dosimat entfernt oder aufgesetzt werden.

Beim Gebrauch ist darauf zu achten, dass die ganze Dosiereinheit bis zur Spitze frei von Luftblasen ist. Das genaue Einstellen des Hahns beim Füllen oder Entleeren verhindert eine Druckbildung.

Bei Nichtgebrauch der Wechseleinheit ist der Hahn auf das Vorratsgefäss zu schalten und dieses mit einem Stopfen zu verschliessen. Von Zeit zu Zeit ist die Wechseleinheit zu reinigen und die Rille des Teflonkolbens mit Spezialfett beispielweise Sisco leicht einzufetten. Der entstehende unsichtbare Fettfilm an der Glaswand beeinträchtigt das ausgestossene Volumen nicht, da beim Ausstossen ein Nachlaufen der Reagenzlösung nicht möglich ist.

Modernere Dosiereinheiten, wie eine in der ◘ Abb. 2.9 zu sehen ist, sind mit Touchscreen ausgestattet und erlauben automatisierte Dosiervorgänge. Sie werden in Kombination mit Messsonden in der Massanalyse eingesetzt. Der Dosierzylinder befindet sich direkt auf der Vorratsflasche, und die Flüssigkeit wird unten am Zylinder entnommen. Somit werden Messfehler durch Luftblasen im Zylinder eliminiert.

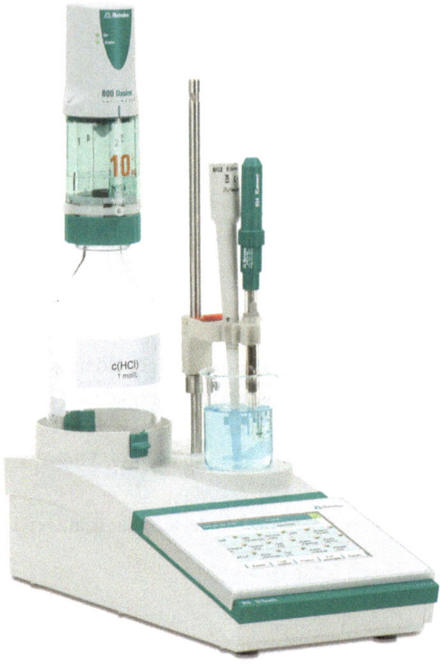

◼ Abb. 2.9 Ti-Touch von Metrohm. (Mit freundlicher Genehmigung von Metrohm Schweiz AG, Zofingen)

2.3.7 Dispenser

Ein Dispenser, wie ein Beispiel in ◼ Abb. 2.10 zu sehen ist, ist ein manuell zu bedienendes Dosierkolbengerät, welches direkt auf eine Vorratsflasche aufgeschraubt wird. Das Mehrfach-Dosieren von voreingestellten Volumina ist mit Dispensern sehr zeitsparend durchführbar. Mit einem Dispenser lässt sich keine gute Reproduzierbarkeit des ausgestossenen Volumens erreichen.

◼ Abb. 2.10 Dispenser

2.4 Volumenmessen im Mikrobereich

2.4.1 Mikropipetten

Mikropipetten sind Kapillarrohre meist aus Glas für Volumina von 1–200 µL. Sie werden als Einwegpipetten eingesetzt. Beim Eintauchen in eine Flüssigkeit füllen sie sich durch die Kapillarkraft. Nach dem Auftupfen auf eine saugfähige Unterlage entleeren sie sich vollständig oder müssen zum Entleeren der Flüssigkeit ausgeblasen werden.

Mikropipetten sind auf *In* justiert. Deshalb werden sie nach Ablauf der Flüssigkeit zwei bis drei Mal mit Verdünnungslösung gespült. Ihre Präzision beträgt je nach Volumen ±0,5 bis ±2 %.

Sie sind in zwei Ausführungen erhältlich:

Mikropipetten mit Ringmarken

Sie besitzen, wie in der ◘ Abb. 2.11 zu sehen ist, eine oder mehrere Ringmarken für die Volumenbegrenzung.

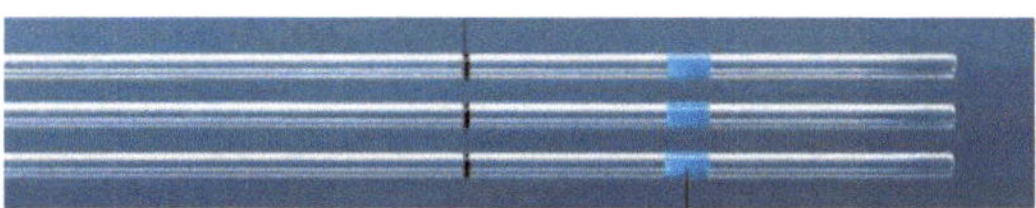

◘ **Abb. 2.11** Mikropipette mit Ringmarke. (Mit freundlicher Genehmigung von BRAND GMBH + CO KG, Wertheim, Deutschland)

Mikropipetten ohne Ringmarke, Microcaps

Microcaps oder Minicaps, wie sie in der ◘ Abb. 2.12 zu sehen sind, besitzen eine Volumenbegrenzung durch beide Kapillarenden. Das heisst, das angegebene Volumen entspricht dem gesamten Rauminhalt des Kapillarröhrchens. Sie sind deshalb nur für eine bestimmte Flüssigkeitsmenge einsetzbar.

Microcaps finden fast ausschliesslich in der Dünnschichtchromatographie zum Auftragen der Spots Anwendung.

◘ **Abb. 2.12** Microcap mit Halter

2.4.2 Kolbenhubpipetten

Kolbenhubpipetten, wie eine in ◘ Abb. 2.13 zu sehen ist, dosieren kleine Volumina von 0,1 µL bis 5000 µL. Sie arbeiten nach dem Verdrängungsprinzip. Das heisst, ein mobiler Kolben in einem Rohr verdrängt während des Herunterdrückens die unter ihm liegende Luftsäule und zieht sie während der darauf folgenden Aufwärtsbewegung wieder nach oben. Dabei wird die zu pipettierende Flüssigkeit in die aufgesteckte Pipettenspitze gesogen. Kolbenhubpipetten besitzen entweder fest eingestellte oder über ein mechanisches Stellwerk einstellbare Hubvolumen.

Auf die Kolbenhubpipette wird eine Einweg-Kunststoffspitze aufgesteckt. Die Flüssigkeit wird nur in diese Spitze aufgenommen. Zum Entleeren wird sie durch Herunterdrücken des Kolbens wieder ausgepresst. Eine korrekte Arbeitstechnik, sowie ein regelmässiges Nachjustieren sind Voraussetzungen für präzise Messresultate.

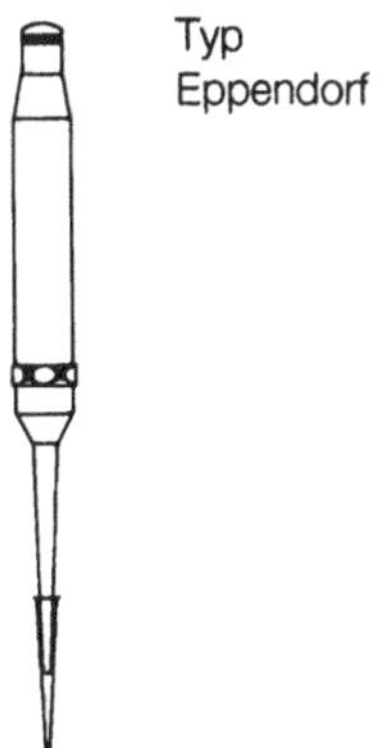

◨ Abb. 2.13 Kolbenhubpipette

❯ **Es ist wichtig dass das Rohr, in dem sich der Kolben bewegt, nie mit einer Flüssigkeit in Berührung kommt. Deshalb sollte eine Kolbenhubpipette immer möglichst senkrecht bedient, gehalten und aufbewahrt werden.**

Kolbenhubpipetten werden heutzutage in einem chemischen oder biologischen Labor am häufigsten als Volumenmessgerät verwendet.

2.4.3 Mikroinjektionsspritzen

Die Mikroinjektionsspritzen, wie ein Beispiel in ◨ Abb. 2.14 zu sehen ist, bestehen meist aus einem Glaszylinder und einem Kolben aus Edelstahl oder Kunststoff mit Teflonmantel und werden vor allem in der Chromatographie eingesetzt. Sie sind mit dem Nennvolumen und entsprechender Skalenteilung bezeichnet. Die Messgenauigkeit bei Verbrauch des ganzen Nennvolumens beträgt ±1 bis ±2 %.

Für sich wiederholende Messungen gleicher Volumina, beispielsweise in einem Autosampler für einen Gaschromatographen, werden die Spritzen in einen Adapter eingespannt.

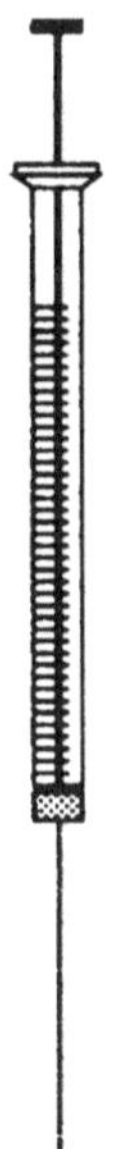

◨ Abb. 2.14 Mikrospritze

2.4.4 Kunststoffspritzen

Für die Zugabe von Reagenzien für Synthesen haben sich herkömmliche Kunststoffspritzen, wie sie auch aus der Medizin bekannt sind, in verschiedenen Ausführungen bewährt. Zusammen mit einer Kanüle und einem Septum lassen sich wenig viskose Flüssigkeiten mit nicht allzu hoher Dichte sicher und kontaminationsarm zudosieren. Wird die Kanüle mit einem Gewinde an der Spritze festgemacht, können auch toxische oder pyrophore Substanzen zugegeben werden, solange alle Materialien beständig sind.

❯ Sollte eine genau bemessene Menge an Reagenz zugegeben werden, ist mit einer Kunststoffspritze eine Differenzwägung der Masse weit präziser als die Volumenmessung mit der Skala der Spritze.

2.4.5 Dilutor

Mit einem Dilutor, wie einer in ◨ Abb. 2.15 zu sehen ist, können Dosierungen und Verdünnungen mit hoher Präzision durchgeführt werden. Komplette Verdünnungsmethoden sind speicherbar. Durch die präzise Kleinstdosierung im Mikroliterbereich wird der Lösemittelverbrauch hauptsächlich bei der Herstellung von Verdünnungsreihen stark reduziert.

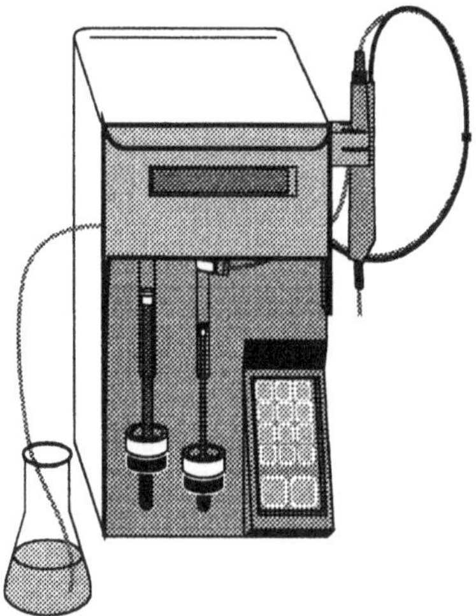

■ **Abb. 2.15** Dilutor

2.4.6 Automatisierte Dosiergeräte

Beispielsweise mit einer Pumpenspritze oder einem Dosimaten können diverse Volumina über einen längeren Zeitraum kontinuierlich zugegeben werden. Solche automatisierte Dosiergeräte gibt es in verschiedensten Varianten auf dem Markt. Sie erleichtern beispielsweise das gleichbleibende Zudosieren über einen längeren Zeitraum bei Synthesen in der Verfahrensentwicklung.

2.5 Hilfsmittel

2.5.1 Pipettierhilfe

❯ Flüssigkeiten dürfen aus Sicherheits- und Arbeitshygienegründen nie mit dem Mund in Pipetten aufgesaugt werden.

Es gibt verschiedene, bequeme Pipettierhilfen auf dem Markt, wie die ■ Abb. 2.16–2.19 zeigen.

Manuelle Pipettierhilfen

Nicht zerlegbar;
schwer zu reinigen.

◘ **Abb. 2.16** Propipette

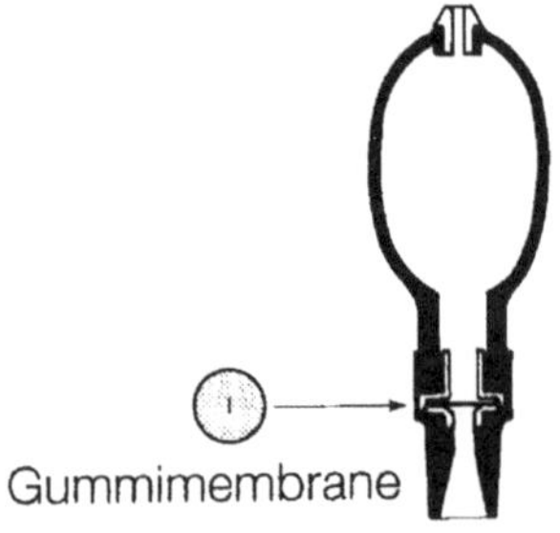

Zerlegbar;
leicht zu reinigen.

◘ **Abb. 2.17** Aspirette

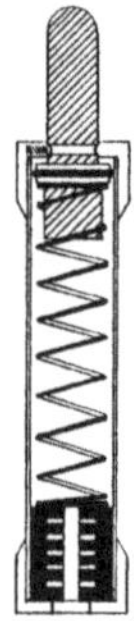

Volumen festgelegt.
Einfach zu zerlegen;
leicht zu reinigen.

◘ **Abb. 2.18** Pipettierhelfer

Motorbetriebene Pipettierhilfen

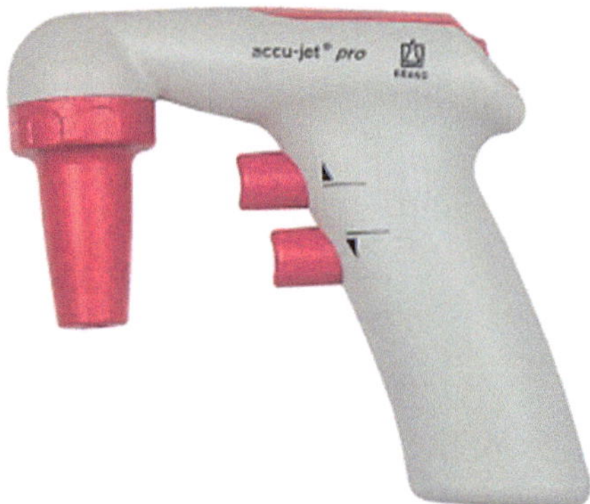

◘ Abb. 2.19 Halbautomatische Pipettierhilfe von Brand. (Mit freundlicher Genehmigung von BRAND GMBH + CO KG, Wertheim, Deutschland)

2.5.2   Volumetrische Skalen als Orientierungshilfe

Vielfach sind Behälter wie Reagenzgläser, Bechergläser, Erlenmeyerkolben oder Tropftrichter mit volumetrischen Skalen versehen. Diese Gefässe dürfen nicht als Volumenmessgeräte eingesetzt werden. Die Skala dient lediglich als Orientierungshilfe zum Abschätzen der Flüssigkeitsmenge.

Diese Skalen weisen eine nicht garantierte Genauigkeit von etwa ±5 % auf.

2.6   Zusammenfassung

Chemische Reaktionen, die quantitativ verlaufen sollen, bedingen eine exakte Mengenbestimmung der Reaktionskomponenten. Verdünnungsschritte in der analytischen Chemie benötigen dies ebenso. Handelt es sich dabei um flüssige Stoffe oder Lösungen, so stehen im Labor verschiedene Volumenmessgeräte zur Verfügung.

Das Messen von Flüssigkeitsvolumen bringt zwei wesentliche Vorteile:
- rasche, zweckmässige Messmethode für Flüssigkeiten,
- kleiner Arbeits- und Geräteaufwand.

Weiterführende Literatur

http://www.Eppendorf.com, aufgerufen am 23.4.2015
http://www.vwr.com, aufgerufen am 23.4.2015
http://www.luiw.ethz.ch/grundlagen/utensilien/glas/volumen, aufgerufen am 23.4.2015
http://www.brand.de/de/brand-produkte/volumenmessgeraete/, aufgerufen am 23.4.2015

Dichtebestimmung

© Springer International Publishing Switzerland 2017

aprentas (Hrsg.), *Laborpraxis Band 2: Messmethoden*, DOI 10.1007/978-3-0348-0968-9_3

Die Dichte ist eine für jeden Stoff charakteristische Grösse. Sie ist eine *physikalische Stoffkonstante.*

Bei zahlreichen Vorgängen im Alltag wird die Tatsache von Dichteunterschieden verschiedener Stoffe ausgenutzt, beispielsweise bei der

- Zuckergehaltsbestimmung im Wein,
- Schwefelsäuregehaltsbestimmung in Autobatterien,
- Frostschutzmittelgehaltsbestimmung im Kühlwasser von Autos.

> Im Labor wird die Dichte einer Flüssigkeit benötigt zur:
> *Umrechnung von Masse in Volumen:* Dies ermöglicht uns, genaue Massen von Stoffen volumetrisch zu bestimmen oder ist hilfreich bei der Bestimmung der Behältergrössen beim Abmessen von Flüssigkeiten.
> *Konzentrationsbestimmung von Lösungen:* Werden zwei Stoffe mit bekannter Dichte A und Dichte B gemischt, ergibt sich nach dem Mischen eine Dichte, die zwischen den Werten A und B liegt. Mit Hilfe einer Kalibrationskurve kann so, an Hand der ermittelten Dichte, direkt die Konzentration einer Lösung bestimmt werden.

3.1   Physikalische Grundlagen

Unter Dichte versteht man den Quotient aus Masse und Volumen eines gasförmigen, flüssigen oder festen Stoffes.

> Die Dichte ρ (Rho) ist abgeleitet von den SI-Einheiten = kg/m^3

Die Dichte ρ wird nach folgender Formel berechnet: $\rho = \dfrac{m}{V}$

> ρ = Dichte
> m = Masse in kg
> V = Voumen in m^3

In der Praxis wird die Dichte fester und flüssiger Stoffe meist in g/cm^3 oder g/mL, diejenige der Gase in kg/m^3 bei Normalbedingungen (273 K, 1013 hPa) ausgedrückt.

3.1.1 Temperaturabhängigkeit der Dichte

Wie die ◘ Abb. 3.1 zeigt, nimmt im Normalfall das *Volumen* eines Stoffes auf Grund der grösseren thermischen Bewegung der Moleküle mit steigender Temperatur linear zu. Seine Dichte wird in diesem Fall kleiner. Die Grundlage einer exakten Dichtemessung ist folglich eine präzise Temperaturmessung oder -kontrolle. Unter den Flüssigkeiten bildet Wasser eine Ausnahme. Es weist in reinem Zustand bei 4 °C die grösste Dichte auf ($\rho = 1,0000\,\text{g/cm}^3$). Dieses Phänomen wird *Anomalie des Wassers* genannt.

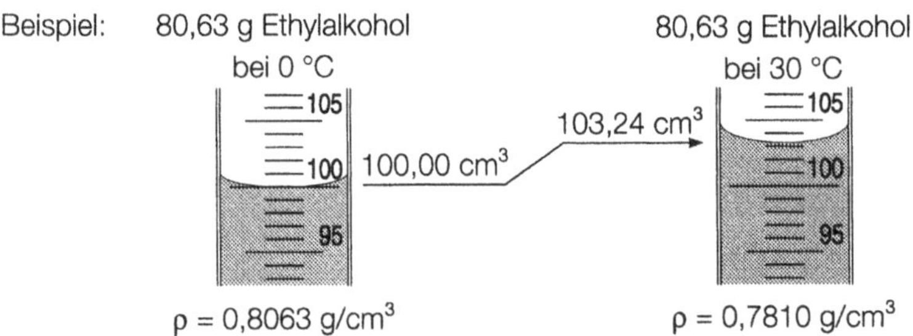

◘ **Abb. 3.1** Temperaturabhängigkeit der Dichte von Flüssigkeiten

3.1.2 Druckabhängigkeit

Da sich Flüssigkeiten und Feststoffe im Gegensatz zu den Gasen nicht oder nur sehr wenig komprimieren lassen, hat der Druck auf die Dichte von Flüssigkeiten und Feststoffen in der Praxis einen vernachlässigbaren Einfluss.

3.2 Dichtebestimmung von Flüssigkeiten

3.2.1 Dichtebestimmung mit Aräometer

Die Dichtebestimmung mit dem Aräometer beruht auf dem Prinzip des *Auftriebs*. Es wird auch archimedisches Prinzip genannt.

> **Jeder in eine Flüssigkeit eingetauchte Körper erfährt aufgrund des hydrostatischen Druckes einen Auftrieb, der sich als scheinbarer Gewichtsverlust zeigt. Dieser ist gleich der Gewichtskraft der vom Körper verdrängten Flüssigkeit.**

Ein Aräometer, wie eines in ◘ Abb. 3.2 zu sehen ist, ist ein zylinderförmiger Hohlkörper. Damit es in der zu messenden Flüssigkeit aufrecht steht und die Skala eintaucht, besitzt es unten eine mit Metallschrot gefüllte Erweiterung. Die Teilstriche der Skala zeigen die Dichte einer Flüssigkeit oder je nach Kalibrierung den Gehalt einer bestimmten Lösung an. Dasselbe Aräometer taucht in eine Flüssigkeit mit grosser Dichte weniger tief ein als in eine Flüssigkeit mit kleiner Dichte. Die Dichtewerte auf der integrierten Skala erhöhen sich deshalb von oben nach unten. Die Dichtebestimmung mit Aräometer ist eine sehr schnelle Methode, die vorwiegend für Routinemessungen beispielsweise in Produktionsbetrieben eingesetzt wird. Die benötigte Flüssigkeitsmenge beträgt, je nach Grösse und Form des Aräometers 100–250 mL.

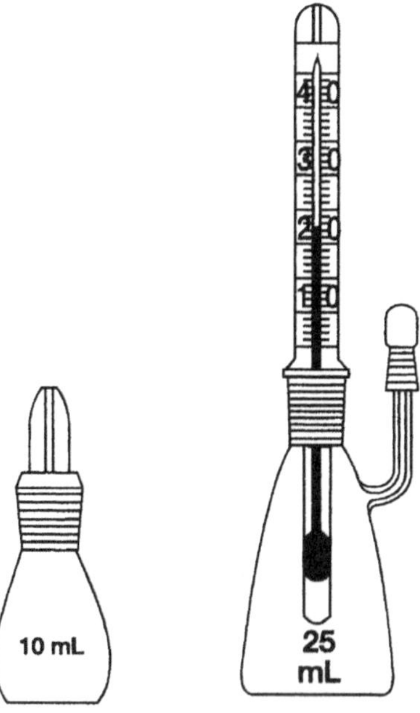

◘ Abb. 3.2 Aräometer

3.2.2   **Dichtebestimmung mit dem Pyknometer**

Ein Pyknometer ist in der **◘** Abb. 3.3 zu sehen. Die zu bestimmende Flüssigkeit wird in einem Pyknometer, dessen genaues Volumen zuvor mit reinstem Wasser bestimmt wurde, gewogen. Anhand der Einwaage und des ermittelten Pyknometervolumens errechnet sich die Dichte. Die Bestimmung der Dichte mit dem Pyknometer benötigt bis zu 50 mL Flüssigkeit.

◘ Abb. 3.3 Zwei verschiedene Pyknometer Typen

Die Ermittlung der Dichte erfolgt bei einer genau definierten Temperatur. Das Pyknometer wird deshalb in einem Wasserbad meist bei 20,0 °C thermostatisiert und die Temperatur mit justierten Thermometern kontrolliert. Die Dichtebestimmung mit Pyknometer ist sehr zeitaufwendig und findet heutzutage selten Anwendung.

3.2.3　Elektronische Dichtebestimmung

Messgeräte für die elektronische Dichtebestimmung funktionieren nach dem Biegeschwingungsprinzip, wie die ■ Abb. 3.4 und 3.5 zeigen. Sie bestehen aus einem U-förmig gebogenen Glasrohr, welches mit der zu bestimmenden Flüssigkeit gefüllt wird. Das gefüllte U-Rohr wird dann mechanisch zum Schwingen angeregt. Die elektronische Dichtebestimmung beruht darauf, dass die zu messende Flüssigkeit im U-Rohr ebenfalls in Schwingung versetzt wird und dadurch die Eigenfrequenz des Rohres verändert.

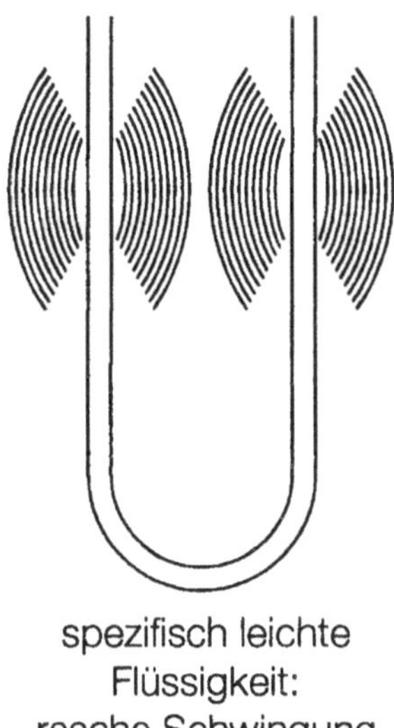

■ Abb. 3.4　Prinzip der Biegeschwingung am Beispiel einer Flüssigkeit mit geringer Dichte

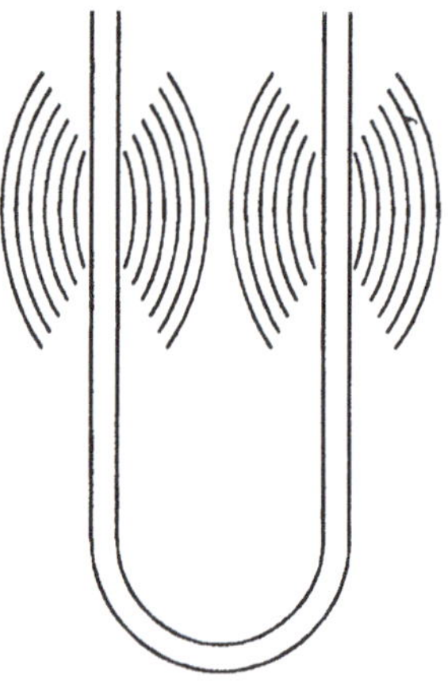

◘ Abb. 3.5 Prinzip der Biegeschwingung am Beispiel einer Flüssigkeit mit hoher Dichte

> **Je grösser die Dichte der Flüssigkeit, desto grösser die resultierende Masse des schwingenden U-Rohrs und desto länger die Dauer einer einzelnen Schwingung.**

Die Frequenz der Schwingung wird gemessen und elektronisch direkt in einen Dichtewert umgerechnet. Eine Kalibration des Gerätes erfolgt vor der Inbetriebnahme mit Luft und reinstem Wasser.

Das U-Rohr hat ein genau definiertes Volumen, es ist deshalb keine Volumenmessung erforderlich. Mit diesen Messgeräten lassen sich Flüssigkeiten auch im Durchfluss kontinuierlich messen. Die benötigte Flüssigkeitsmenge beträgt weniger als 2 mL.

Elektronische Dichtemessgeräte, wie eines in ◘ Abb. 3.6 zu sehen ist, besitzen eine Fehlergrenze unter $\pm 0{,}000005\,\mathrm{g/cm^3}$.

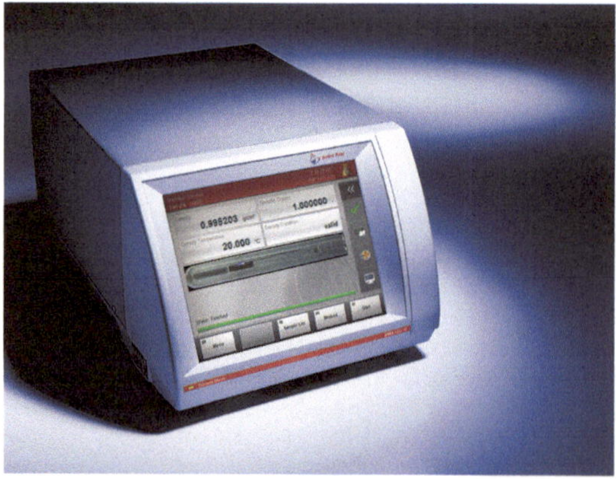

◘ Abb. 3.6 Dichtemessgerät nach dem Biegeschwingungsprinzip von Anton Paar. (Mit freundlicher Genehmigung von Anton Paar Switzerland AG, Aarau)

3.2.4　Dichtebestimmung mittels Auftriebswägung

Mit Hilfe von Laborpräzisionswaagen lassen sich Dichtebestimmungen genau und kostengünstig durchführen. Hersteller von Waagen bieten zu diesem Zweck spezielle Sets zur Dichtebestimmung als Zubehör an, wie es die ◘ Abb. 3.7 und 3.8 zeigen.

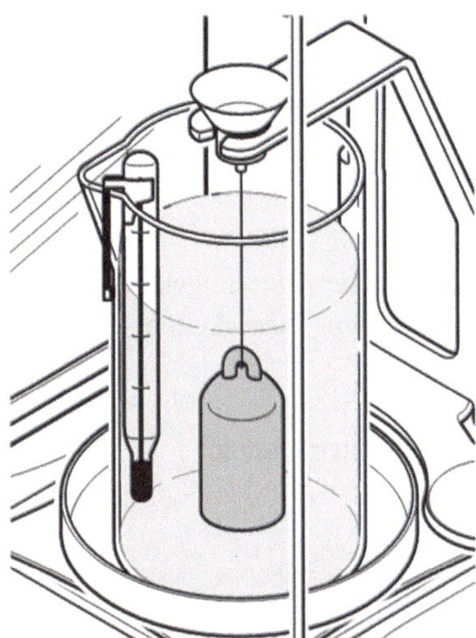

◘ **Abb. 3.7** Versuchsanordnung für die Auftriebswägung mit einer Mettler Waage. (Mit freundlicher Genehmigung von Mettler Toledo, Greifensee, Schweiz)

◘ **Abb. 3.8** Mettler Präzisionswaage mit einem Set zur Dichtebestimmung. (Mit freundlicher Genehmigung von Mettler Toledo, Greifensee, Schweiz)

Die Dichte einer Flüssigkeit wird mit Hilfe eines Verdrängungskörpers mit bekanntem Volumen bestimmt. Eine erste Wägung des Verdrängungskörpers erfolgt an der Luft und eine zweite in der zu bestimmenden Flüssigkeit. Die Differenz beider Wägungen entspricht der Gewichtskraft der verdrängten Flüssigkeit. Auf Grund des bekannten Volumens des Verdrängungskörpers lässt sich die Dichte der Flüssigkeit berechnen.

$$\rho = \frac{m_\mathrm{A} - m_\mathrm{B}}{V}$$

ρ = Dichte der Flüssigkeit
m_A = Masse des Verdrängungskörpers an Luft
m_B = Masse des Verdrängungskörpers in der Flüssigkeit
V   = Volumen des Verdrängungskörpers

3.3   Zusammenfassung

Die Dichte ist nützlich zur Umrechnung einer Masse in ein Volumen oder umgekehrt. Es gibt vier verschiedene Prinzipien zur praktischen Dichtebestimmung von Flüssigkeiten:

- mit dem Aräometer,
- mit dem Pyknometer,
- nach dem Biegeschwingungsprinzip für die elektronische Dichtemessung,
- mit der Auftriebswägung.

Weiterführende Literatur

Mettler Toledo: http://ch.mt.com/dam/mt_ext_files/Editorial/Generic/4/XS_density-kit_0x000010083f72cdbe400075b3_files/xp-xs-density-analy-ba-11780508b.pdf, aufgerufen am 23.4.2015
Anton Paar: http://www.anton-paar.com/ch-de/produkte/group/dichtemessgeraet/, aufgerufen am 23.4.2015

Temperaturmessen

© Springer International Publishing Switzerland 2017
aprentas (Hrsg.), *Laborpraxis Band 2: Messmethoden*, DOI 10.1007/978-3-0348-0968-9_4

4.1   Allgemein

Der Wärmezustand eines Stoffes lässt sich nicht direkt anzeigen. Nur mit einem Hilfsmittel, dessen physikalische Eigenschaften durch die Veränderung der Temperatur beeinflusst werden, lässt er sich indirekt messen.

Solche temperaturabhängigen Eigenschaften sind zum Beispiel die Veränderung des Volumens, des Dampfdrucks, des elektrischen Widerstands, der Spannung und des Aggregatzustands eines Stoffes. Sie kommen in Temperaturmesssonden zum Einsatz.

Ein Grundproblem bleibt, wenn die Temperatur kleiner Substanzmassen bestimmt werden soll. Alle bekannten Messsonden, ausser wenn die Infrarot Messtechnik zur Anwendung kommt, benötigen zur Messung eine direkte Berührung des Messgutes und entzieht ihm dabei eine bestimmte Wärmemenge. Damit wird diese kleine Substanzmasse beim Messen ihre Temperatur verändern. Je kleiner die zu messende Masse ist, umso grösser ist die Verfälschung des Messresultates.

4.2   Temperaturskalen

Etliche Naturwissenschaftler haben sich mit der Schaffung einer genauen Skala befasst, so unter anderem die aufgeführten Personen in ◘ Tab. 4.1.

◘ **Tab. 4.1** Verschiedene Temperatureinheiten und deren Erfinder

G. D. Fahrenheit (1686–1736)	°F Grad Fahrenheit
R. A. Réaumur (1683–1757)	°R Grad Réaumur
A. Celsius (1701–1744)	°C Grad Celsius
Lord Kelvin of Largs (1824–1907)	K Kelvin

Eine Temperaturskala definiert sich aus zwei ausgewählten reproduzierbaren Fixpunkten. Der dazwischen liegende Bereich wird mit einer bestimmten Anzahl Teilstrichen linear aufgeteilt.

Der schwedische Forscher A. Celsius erstellte eine solche Temperaturskala, indem er als Nullpunkt den Siedepunkt des Wassers und als hundertsten Punkt den Erstarrungspunkt des Wassers bezeichnete. Der Botaniker Carl von Linné kehrte später diese Skala in die noch heute gültige Form um, wie ◘ Abb. 4.1 zeigt.

Die nach dem internationalen Einheitssystem (SI) heute verwendete Kelvin-Skala beginnt mit dem absoluten Nullpunkt (0 K entspricht −273 °C) und verwendet die gleiche Teilung wie die Celsius Skala.

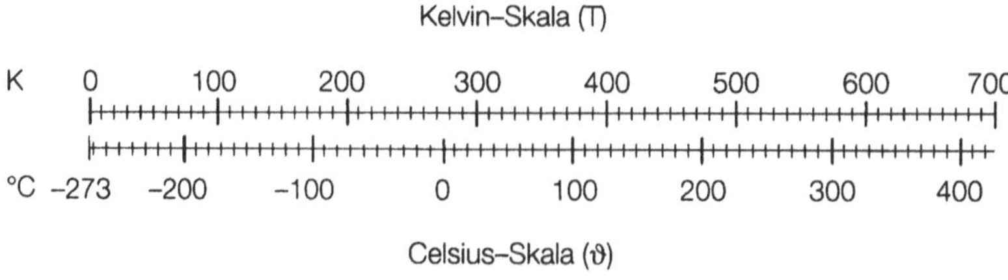

◘ **Abb. 4.1** Kelvin und Celsius-Temperaturskala

Umrechnung: $T = \vartheta + 273$

Beispiel: $T = 20\,°\text{C} + 273 = 293\,\text{K}$ (absolute Temperatur)

4.3 Laborübliche Temperaturmessgeräte

Eine Übersicht der gängigen Temperaturmessgeräte zeigt ◘ Tab. 4.2.

◘ **Tab. 4.2** Übersicht über ausgewählte Temperaturmessgeräte

Temperaturmessgeräte	Temperaturbereich in °C zirka
Flüssigkeitsausdehnungsthermometer – Organische, gefärbte Flüssigkeiten (Pentan, Alkohol usw.)	−200 bis 250
– Quecksilber ohne Druck	−30 bis 360
– Quecksilber unter Druck	−30 bis 600
Elektrische Temperaturmessfühler Widerstandsmessfühler (Pt 100, Pt 1000)	−200 bis 750
Thermoelemente – Eisen/Konstantan	−100 bis 800
– Chrom-Nickel/Nickel	−100 bis 1200
– Platin-Rhodium/Platin	0 bis 1600
Metallausdehnungsthermometer – Bimetallthermometer	−30 bis 400
Wärmestrahlungsmessgeräte – Infrarot-Temperaturmessgeräte	0 bis 300

4.4 Flüssigkeitsausdehnungsthermometer

4.4.1 Thermometerflüssigkeiten

Bei Flüssigkeitsausdehnungsthermometern wird die temperaturabhängige Ausdehnung einer Flüssigkeit gemessen. Die Flüssigkeit befindet sich im Vorratsgefäss und temperaturabhängig in der Kapillare. Um ein Bersten der Kapillare beim Überschreiten des Messbereichs zu verhindern, wird die Kapillare am oberen Ende zu einem Expansionsgefäss erweitert.

Organische Flüssigkeiten (Ethanol, Toluen, Pentan) müssen vor ihrer Verwendung als Thermometerflüssigkeit gefärbt werden. Sie benetzen Glas. Daher ist ihre Messgenauigkeit nicht so gross wie wenn Quecksilber verwendet würde.

Die grössten Vorteile, die Quecksilber als Thermometerflüssigkeit bietet, sind die gute Wärmeleitfähigkeit und die über den gesamten Anwendungsbereich praktisch lineare Ausdehnung. Quecksilber benetzt Glas nicht, ist gut sichtbar und hat einen für die meisten im Labor zu messenden Temperaturen günstigen Anwendungsbereich.

Quecksilber wird jedoch aufgrund seiner Giftigkeit nur noch in Ausnahmefällen eingesetzt. Bei einem Bruch eines Thermometers muss das Quecksilber fachgerecht, beispielsweise mit einem speziellen Set mit Amalgamierungspulver, aufgenommen, gesammelt und entsorgt werden.

4.4.2 Stockthermometer

Thermometerflüssigkeit: organische Flüssigkeit

Stockthermometer, die ◪ Abb. 4.2 zeigt ein Beispiel dafür, sind die im Labor am häufigsten verwendeten Flüssigkeitsausdehnungsthermometer. Sie sind universell einsetzbar. Die Stocklänge beträgt zwischen wenigen Zentimetern und zirka 30 Zentimetern. Zum genauen Messen muss die angegebene Eintauchtiefe eingehalten werden.

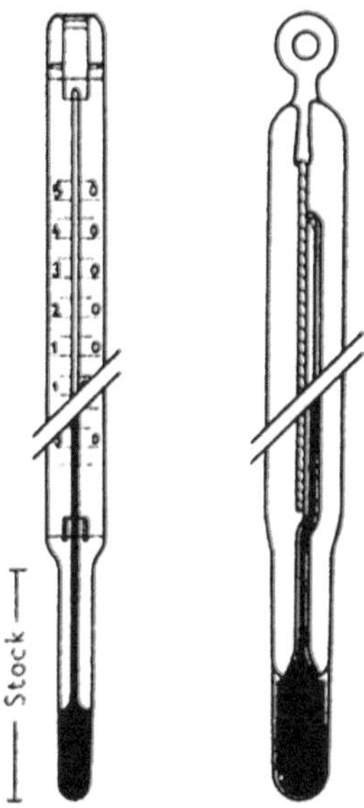

◪ **Abb. 4.2** Stockthermometer

4.4.3 Laborthermometer

Thermometerflüssigkeit: organische Flüssigkeit

Laborthermometer, die ◪ Abb. 4.3 zeigt ein Beispiel dafür, sind häufig verwendete und universell einsetzbare Flüssigkeitsausdehnungsthermometer. Die geforderte Eintauchtiefe lässt sich in der Praxis nicht immer einhalten. Der dadurch auftretende Fehler darf je nach Anforderung vernachlässigt werden.

◘ Abb. 4.3 Laborthermometer

4.4.4 Anschütz-Thermometer

Thermometerflüssigkeit: Quecksilber
Anwendungsbereiche: Zirka 0 °C bis zirka 350 °C, als siebenteiliger Satz mit Messbereichen
von je zirka 50 °C.

Die *Anschütz-Thermometer* erfüllen die Normen für Präzisionsinstrumente und werden amtlich
geeicht. Mit einem geeichten Thermometer-Satz können andere Thermometer auf ihre Genauigkeit geprüft und wenn nötig justiert werden.

4.4.5 Fehlermöglichkeiten beim Messen mit Flüssigkeitsausdehnungsthermometern

Bei der Temperaturmessung können Fehler gemäss ◘ Tab. 4.3 auftreten.

◘ Tab. 4.3 Mögliche Fehler beim Messen mit Flüssigkeitsausdehnungsthermometern

Fehlermöglichkeiten	Beschreibung
Ablesefehler	Thermometer werden auf der Höhe der Flüssigkeitskuppe abgelesen, um einen Parallaxenfehler zu vermeiden.
Kapillarfehler	Eine Kapillare mit ungleichmässigem Innendurchmesser wirkt sich wegen der nicht linearen Temperaturskala negativ auf die Genauigkeit eines Thermometers aus.

◘ Tab. 4.3 (*Fortsetzung*) Mögliche Fehler beim Messen mit Flüssigkeitsausdehnungsthermometern

Fehlermöglichkeiten	Beschreibung
Anzeigeverzögerung	Damit die richtige Temperatur abgelesen wird, muss nach dem Eintauchen des Thermometers gewartet werden, bis sich die Glas- und die Thermometerflüssigkeitstemperatur vollständig der Umgebungstemperatur angepasst haben. Beim Messen der Temperatur von Gasen erhöht sich die Wartezeit durch den weniger intensiven Kontakt von Thermometer und Gas.
Hysterese	Wurde ein Thermometer zum Messen von hohen Temperaturen verwendet, kann es erst wieder nach einiger Zeit zur genauen Messung tieferer Temperaturen verwendet werden, da sich das Glas des Reservoirs und der Kapillare nicht sofort auf das ursprüngliche Volumen zusammenzieht.
Fadenfehler	Eine falsche Eintauchtiefe des Thermometers kann bei analytisch genauen Temperaturbestimmungen zu Fehlern führen. Der aus dem zu messenden Medium herausragende Thermometerflüssigkeitsfaden hat durch die kältere oder wärmere Umgebung eine geringere oder zu grosse Ausdehnung und zeigt eine falsche Temperatur. Die korrekte Eintauchtiefe ist oft auf der Rückseite der Temperaturskala angegeben.
Fadenriss	Ist die Flüssigkeitssäule in der Kapillare unterbrochen (Fadenriss), werden zu hohe Temperaturen abgelesen. Ein Fadenriss kann vermieden werden, wenn heisse Thermometer langsam und in senkrechter Stellung abgekühlt werden. Thermometer mit organischen Flüssigkeiten nach Möglichkeit in senkrechter Stellung aufbewahren. Beheben von Fadenrissen: Aufheizen, bis die Thermometerflüssigkeit das Expansionsgefäss erreicht hat, und langsam in senkrechter Stellung abkühlen lassen, bis sich die gesamte Flüssigkeit im Reservoir befindet (Vorsicht: Thermometer kann bei zu starkem Aufheizen zerspringen!)

4.5 Elektrische Temperaturmessfühler

4.5.1 Einsatzmöglichkeiten

Elektrische Temperaturmessfühler bieten gegenüber den Flüssigkeitsausdehnungsthermometern wesentliche Vorteile:

- kleine Abmessung,
- über grosse Distanzen einsetzbar,
- je nach Ausführung robust,
- grosser Messbereich,
- Steuerung in der Mess- und Regeltechnik,
- kontinuierliche Registrierung des Temperaturverlaufs möglich.

4.5.2 Widerstandsthermometer

Die ◘ Abb. 4.4 zeigt ein Beispiel für einen *Widerstandsthermometer*. Die Messung beruht darauf, dass sich der elektrische Widerstand von Metallen mit steigender Temperatur vergrössert.

Der durchfliessende Strom ist indirekt proportional zur Temperatur. Der Widerstand ist so bemessen, dass er bei 0 °C zirka 100 Ω (Ohm) beträgt, mit einem Ampèremeter gemessen und in °C oder K angezeigt wird. Für die Messung ist eine Stromquelle mit konstanter Spannung nötig. Der Messfühler oder Messwiderstand besteht meist aus Platin, das von einem gasdichten Schutzrohr aus Quarz oder Metall umgeben ist.

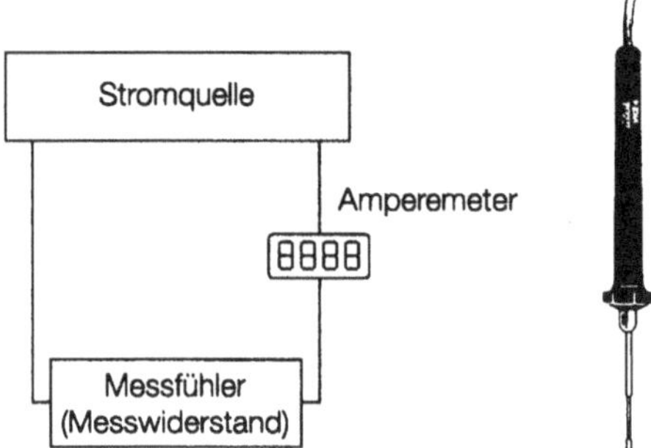

◘ Abb. 4.4 Widerstandsthermometer

4.5.3 Thermoelemente

Thermoelemente, die ◘ Abb. 4.5 zeigt ein Beispiel dafür, bestehen aus einem sogenannten *Thermopaar*, das bedeutet aus zwei an einem Ende miteinander verschweissten Drähten verschiedener Metalle. Eine gleiche Kombination bildet die benötigte Vergleichsmessstelle, welche im Gerät eingebaut sein kann und die auf einer konstanten Temperatur gehalten werden muss.

Wird der Messfühler erwärmt, entsteht an der Vergleichsmessstelle eine elektrische Spannung, deren Grösse proportional zur Temperaturdifferenz ist. Diese Spannung wird mit einem Voltmeter gemessen und in °C oder K angezeigt.

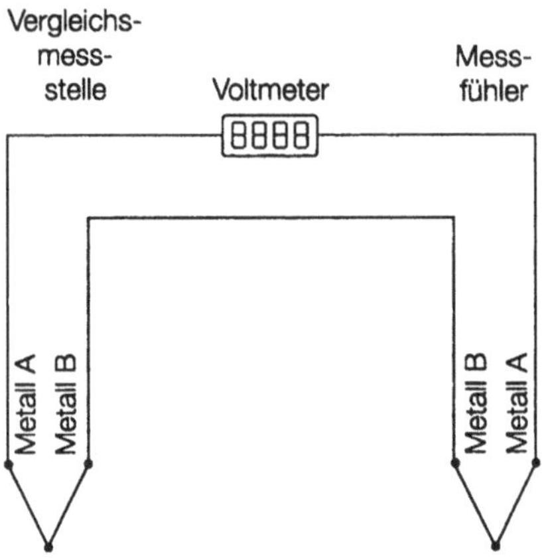

◘ Abb. 4.5 Thermoelement

4.6   Metallausdehnungsthermometer

Die Ausdehnungsdifferenz von zwei verschiedenen Metallen kann entweder über einen Zeiger auf eine Skala übertragen werden oder direkt als Temperaturanzeige dienen.

4.6.1   Bimetallthermometer

Zwei Metallstreifen mit verschiedenen Ausdehnungskoeffizienten sind durch Zusammenwalzen plattiert *spiralförmig aufgewickelt*, die ◘ Abb. 4.6 zeigt ein Beispiel dafür. Bei einem Temperaturanstieg krümmt sich das Bimetall nach der Seite mit dem geringeren Ausdehnungskoeffizienten. Diese Bewegung wird mittels Zeiger auf einer Temperaturskala angezeigt.

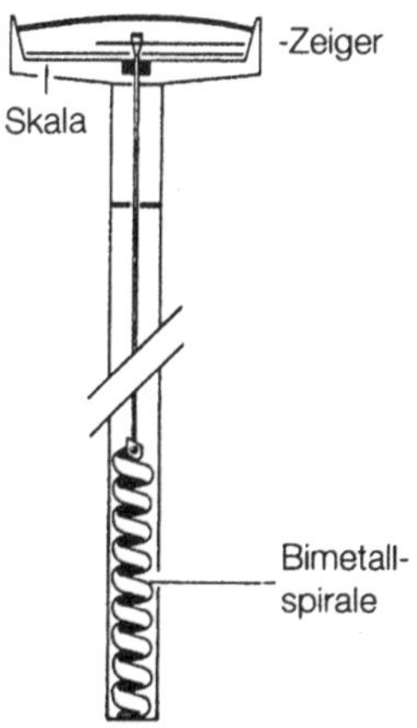

◘ Abb. 4.6 Bimetallthermometer

4.7   Wärmestrahlungsmessgeräte

4.7.1   Infrarot-Temperaturmessgeräte

Diese Geräte messen die Wärmestrahlung an der Oberfläche von Gegenständen, ohne diese zu berühren. Die Wärmestrahlung in Form von IR-Strahlung ist ein Teil der *Eigenstrahlung* jedes Objekts, welches eine Temperatur über dem absoluten Nullpunkt aufweist. Diese Strahlung durchdringt die Atmosphäre und wird mittels einer Linse auf ein Detektorelement fokussiert, welches ein der Strahlung proportionales elektrisches Signal erzeugt. Das Signal wird verstärkt und in die Objekttemperatur umgerechnet.

Vorteile der Infrarot-Messung:

- Langlebigkeit der Messzelle,
- kein direkter Kontakt,
- Messung von bewegten, schwer zugänglichen oder sehr heissen Objekten möglich,
- sehr kurze Mess- und Ansprechzeit,
- keine Zerstörung des zu messenden Objekts,
- keine Störung des zu messenden Objekts,
- flexibel einsetzbar.

Ein Nachteil der Infrarot-Messung ist, dass nur Oberflächenmessungen möglich sind.

4.8   Zusammenfassung

Das Durchführen chemischer Reaktionen, das Lösen von Stoffen und das Bestimmen von thermischen Kennzahlen erfordert jeweils das genaue Messen des Wärmezustands eines Mediums. Als Massstab dazu dient die Temperatur, die mit unterschiedlichen Messverfahren und Geräten bestimmt werden kann.

Weiterführende Literatur

Micro-Epsilon: Grundlagen der berührungslosen Temperaturmessung http://www.micro-epsilon.ch/temperature-sensors/index.html, geöffnet am 23.04.2015

http://www.jumo.ch/produkte/temperatur/anzeiger/elektromechanisch/3013/zeigerthermometer.html, geöffnet am 23.04.2015

http://www.hecht-assistent.de/de/produktbereich/thermometer/laborthermometer.html, geöffnet am 23.04.2015

Thermische Kennzahlen

© Springer International Publishing Switzerland 2017
aprentas (Hrsg.), *Laborpraxis Band 2: Messmethoden*, DOI 10.1007/978-3-0348-0968-9_5

5.1   Die Aggregatzustände

Die kleinsten Teilchen eines Stoffes, welche aus Atomen, Ionen oder Molekülen bestehen können, werden mittels der gegenseitigen Anziehung, welche durch die *Kohäsionskraft* erklärt werden kann, mehr oder weniger stark zusammengehalten. Von der Grösse dieser Kohäsionskraft, das ist die Anziehungskraft zwischen den Teilchen, und der Grösse der Bewegungsenergie der vorhandenen Teilchen (siehe Temperatur) hängt es weitgehend ab, in welchem Aggregatzustand sich ein Stoff befindet.

> Die Übergangstemperaturen von einem Aggregatzustand zum anderen charakterisieren *physikalische Stoffkonstanten* von Atomen und Molekülen.

5.1.1   Fester Aggregatzustand

Wie die ◧ Abb. 5.1 zeigt, sind viele Stoffe im festen Zustand kristallin. Ihre kleinsten Teilchen sind zu einem *Kristallgitter* geordnet und die Lage jedes Teilchens ist genau definiert.
Beispiele: Eis, Quarz, Metalle, Salze oder viele feste organische Verbindungen.

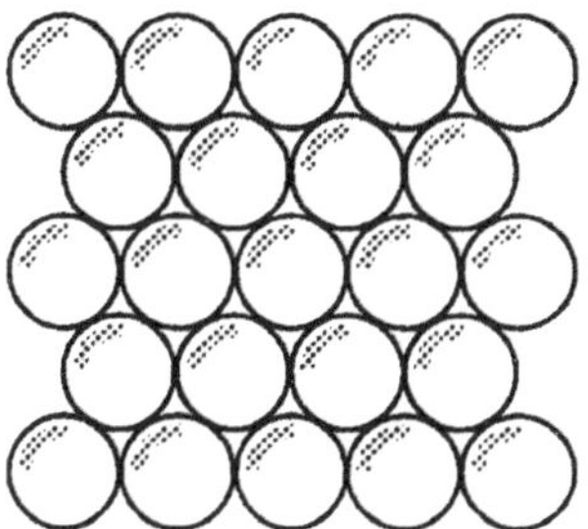

◧ **Abb. 5.1** Feststoff: Teilchen fest im Gitter

Stoffe, deren Teilchen im festen Zustand ungeordnet vorliegen, werden *amorphe Stoffe* (amorph = gestaltlos) genannt. Amorphe Stoffe sind mit erstarrten Flüssigkeiten vergleichbar.
Amorphe Stoffe können in den kristallinen Zustand übergehen. Geht Glas in den kristallinen Zustand über, heisst dieser Übergang Entglasung.
Beispiele: Glas, Plexiglas, Russ aus unvollständiger Verbrennung von Methan.
In diesem Kapitel ist unter dem Begriff Feststoff nur noch von kristallinen Stoffen die Rede.

Die Teilchen in einem Feststoff können nur unter Zufuhr von Wärmeenergie die Gitterkraft überwinden und flüssig werden.

5.1.2   Flüssiger Aggregatzustand

Ein Stoff ist dann flüssig, wenn die Bewegungsenergie der Teilchen ihre *gegenseitige Anziehung ausgleicht*. Wie die ◧ Abb. 5.2 zeigt, können Teilchen sich gegeneinander verschieben. Sie werden aber durch die Kohäsionskraft zusammengehalten.

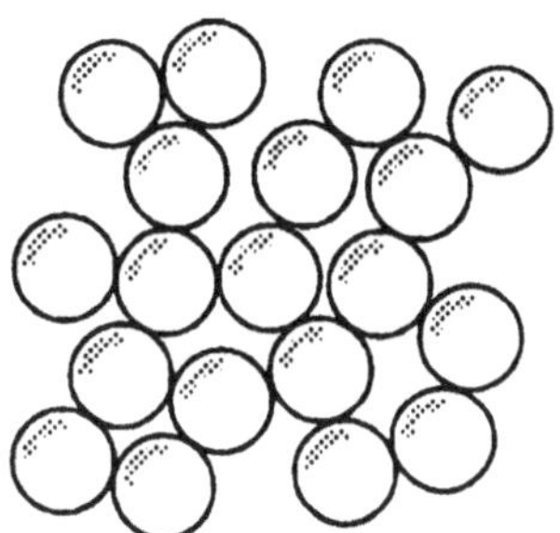

Abb. 5.2 Bewegliche Teilchen in einer Flüssigkeit

Wird einer Flüssigkeit Energie entzogen, kann sie unter Gewinnung von Wärmeenergie kristallisieren.
Umgekehrt können die Teilchen in einer Flüssigkeit nur unter Zufuhr von Wärmeenergie die Kohäsionskraft überwinden und gasförmig werden.

5.1.3 Gasförmiger Aggregatzustand

Wie die ◪ Abb. 5.3 zeigt, ist ein Stoff gasförmig, wenn die Bewegungsenergie der Teilchen so gross ist, dass ihre *gegenseitige Anziehung überwunden* wird. Sie sind frei beweglich und breiten sich im zur Verfügung stehenden Raum gleichmässig aus.

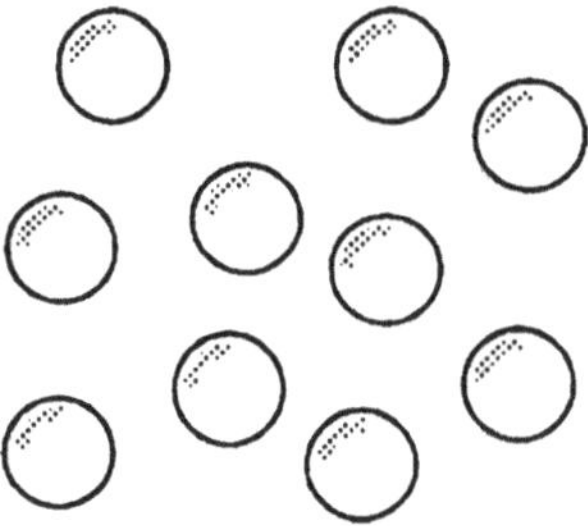

Abb. 5.3 Teilchen in gasförmigem Zustand

Wird einem Gas Energie entzogen, kann es unter Gewinnung von Wärmeenergie kondensieren.

5.2   Aggregatzustandsübergänge

Die ◘ Abb. 5.4 zeigt eine Übersicht über Aggregatzustandsänderungen.

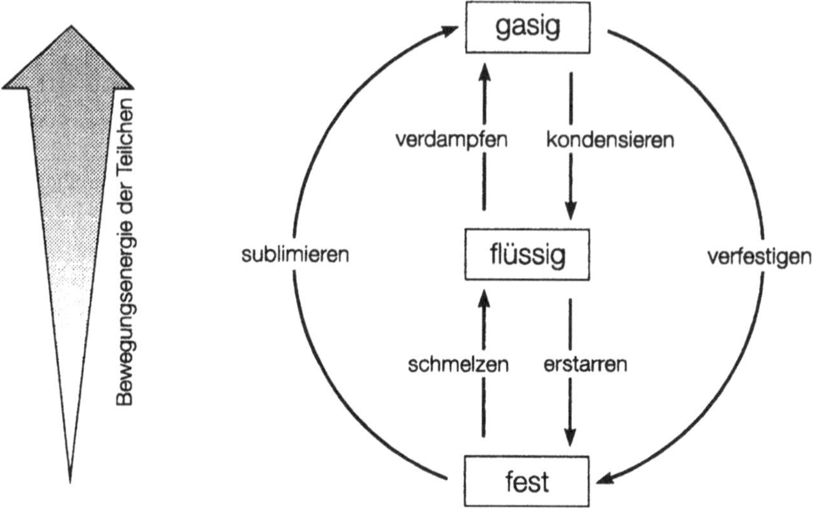

◘ **Abb. 5.4** Übergänge Aggregatzustände

5.2.1   Schmelzen

Durch die Zufuhr von Wärmeenergie wird die Eigenschwingung der Teilchen im Kristallgitter so erhöht, dass dieses bei einer bestimmten Temperatur zerfällt. Während des Schmelzvorganges wird die gesamte zugeführte Wärmeenergie als Schmelzwärme (molare Schmelzenthalpie ΔSH) verbraucht. Die Temperatur bleibt während des ganzen Schmelzvorganges konstant.

Molare *Schmelzenthalpie* von Eis:

$$\Delta SH = 6\,\text{kJ/mol}.$$

5.2.2   Erstarren

Bei diesem, dem Schmelzen entgegengesetzten, Vorgang wird die zugeführte Schmelzwärme als Erstarrungswärme (molare Erstarrungsenthalpie ΔEH) wieder frei. Die Bewegungsenergie der Teilchen wird so klein, dass sich wieder ein Kristallgitter bildet.

Molare *Erstarrungsenthalpie* von Wasser:

$$\Delta EH = -6\,\text{kJ/mol}.$$

5.2.3 Verdampfen

Durch die Zufuhr von Wärmeenergie wird die Bewegungsenergie der einzelnen Teilchen so gross, dass sie sich im gasförmigen Zustand losgelöst voneinander frei bewegen können. Während des Verdampfungsvorganges wird die gesamte zugeführte Energie als Verdampfungswärme (molare Verdampfungsenthalpie ΔVH) verbraucht. Die Temperatur bleibt während des ganzen Verdampfungsvorganges konstant.

Molare *Verdampfungsenthalpie* von Wasser:

$$\Delta VH = 40\,kJ/mol.$$

5.2.4 Kondensieren

Bei diesem, dem Verdampfen entgegengesetzten Vorgang, wird die zugeführte Verdampfungswärme (molare Kondensationsenthalpie ΔKH) als Kondensationswärme wieder frei. Die dadurch kleinere Bewegungsenergie der Teilchen ermöglicht die gegenseitige Anziehung und den Übergang in den flüssigen Zustand.

Molare *Kondensationsenthalpie* Wasserdampf:

$$\Delta KH = -40\,kJ/mol.$$

5.2.5 Sublimieren

In einem Feststoff haben einige Teilchen so viel Bewegungsenergie, dass sie das Kristallgitter verlassen können. Alle Feststoffe haben somit einen Dampfdruck. Das bedeutet, ein Stoff kann unterhalb seines Schmelzpunktes direkt vom festen in den gasförmigen Zustand übergehen. In der Praxis kann das nur bei wenigen Stoffen zur Sublimation genutzt werden kann. Die gesamte zugeführte Wärmeenergie wird als Sublimationswärme (molare Sublimationsenthalpie $\Delta SubH$) verbraucht.

Molare *Sublimationsenthalpie* Eis:

$$\Delta SubH = \Delta SH + \Delta VH = 6\,kJ/mol + 40\,kJ/mol = 46\,kJ/mol.$$

5.2.6 Verfestigen

Verfestigen oder resublimieren nennt man den, dem Sublimieren entgegengesetzten, Vorgang. Das bedeutet den direkten Übergang vom gasförmigen Zustand in einen Feststoff. Die Energie zur Verfestigung ist genau umgekehrt so gross wie die Sublimationsenthalpie

Molare *Verfestigungsenthalpie* Wasserdampf:

$$\Delta VerfH = -\Delta SH - \Delta VH = -6\,kJ/mol - 40\,kJ/mol = -46\,kJ/mol.$$

5.2.7   Temperatur-Energie-Diagramm

Wie sich die Aggregatzustände ändern können zeigt das folgende Diagramm in ◘ Abb. 5.5.

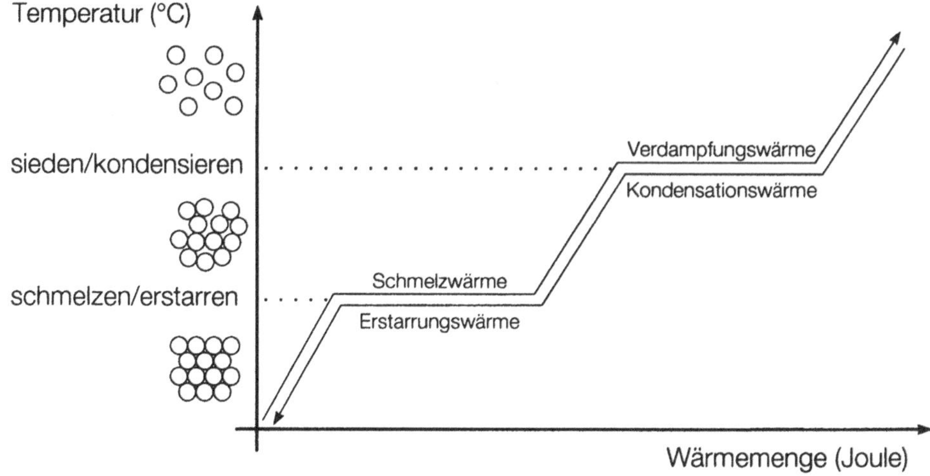

◘ **Abb. 5.5** Temperatur / Energie-Diagramm

5.3   Zusammenfassung

Neben der instrumentellen Analytik gibt es auch physikalische Methoden, die es ermöglichen, Stoffe zu unterscheiden, zu identifizieren, zu klassieren oder sie mit Qualitätsprädikaten zu versehen. Wichtige Informationen liefern dabei die thermischen Kennzahlen eines Stoffes oder Stoffgemisches wie beispielsweise:

- der Schmelzpunkt,
- der Erstarrungspunkt,
- der Siedepunkt.

Weiterführende Literatur

Die zum Vergleichen benötigten exakten physikalischen Stoffkonstanten vieler reiner, anorganischer und organischer Verbindungen sind in umfangreichen Tabellenwerken aufgeführt. Beispielsweise:

- Online Datenbanken im Internet (GESTIS-Stoffdatenbank, MSDS usw.),
- Chemikalienkataloge (Sigma-Aldrich, Merck, usw.),
- Chemiker Kalender,
- Handbook of Chemistry and Physics.

Schmelzpunktbestimmung

© Springer International Publishing Switzerland 2017
aprentas (Hrsg.), *Laborpraxis Band 2: Messmethoden*, DOI 10.1007/978-3-0348-0968-9_6

6.1   Grundlagen

6.1.1   Schmelzpunkt

Die Temperatur, bei der ein Stoff vom *festen in den flüssigen* Zustand übergeht, heisst Schmelzpunkt. Dabei existieren feste und flüssige Anteile nebeneinander. Reine kristalline Stoffe haben einen definierten, scharf begrenzten Schmelzpunkt als *physikalische Stoffkonstante*. Die Energie, die beim Schmelzen von einem Mol Substanz beim Schmelzpunkt (Abkürzungen siehe ◘ Tab. 6.1) zugeführt werden muss, ist die molare Schmelzenthalpie ΔSH und wird in kJ/mol ausgedrückt.

Beispielsweise hat Eis bei 0,0 °C einen $\Delta SH = 6$ kJ/mol.

Auch ein Gemisch aus verschiedenen Stoffen, die in flüssiger Form ineinander unlöslich sind und als heterogene Schmelze vorliegt, hat einen definierten Schmelzpunkt. Der höherschmelzende Stoff wird die Schmelze als Niederschlag trüben.

Der Schmelzpunkt ist druckabhängig. Bei den meisten Substanzen sind die Temperaturabweichungen aufgrund von Druckunterschieden jedoch so gering, dass sie für die praktische Arbeit vernachlässigt werden können.

◘ **Tab. 6.1** Gebräuchliche Abkürzungen für den Schmelzpunkt

Smp:	Schmelzpunkt
F:	Fusionspunkt
Mp:	melting point

6.1.2   Schmelzpunktdepression

Bei Stoffgemischen, deren Komponenten in *flüssiger Form ineinander löslich* sind, entsteht eine Schmelzpunktdepression oder Schmelzpunkterniedrigung und statt eines scharfen Schmelzpunktes ein Schmelzintervall oder Schmelzbereich.

Die Ursache davon ist, dass die Stoffe sich gegenseitig derart beeinflussen, dass die Gitterkräfte geschwächt und mit geringerer Bewegungsenergie, das heisst bei einer kleineren Temperatur, überwunden werden.

Die Grösse der Schmelzpunktdepression ist abhängig vom *Stoffmengenanteil* des Gemisches. In der Regel ergibt 1 % fremde Beimischung eine Depression von zirka 0,5 °C.

Reine Stoffe, die sich beim Erhitzen langsam zersetzen, bilden ein Gemisch aus Stoff und Zersetzungsprodukt und ergeben deshalb ebenfalls ein Schmelzintervall.

6.1.3   Eutektikum

Zwei oder mehrere Stoffe, die miteinander eine homogene Schmelze bilden, ergeben bei einem *bestimmten Mischverhältnis ein eutektisches Gemisch*. Die Grafik in ◘ Abb. 6.1 zeigt das Schmelzverhalten eines Feststoffgemisches mit unterschiedlichen Stoffmengenanteilen. Ein eutektisches Gemisch verhält sich beim Schmelzen wie ein reiner Stoff mit einem scharfen Schmelzpunkt. Der eutektische Punkt ist der niedrigste mögliche Schmelzpunkt, der ein Gemisch, welches ein Eutektikum bildet, bei einem bestimmten Stoffmengenanteil haben kann.

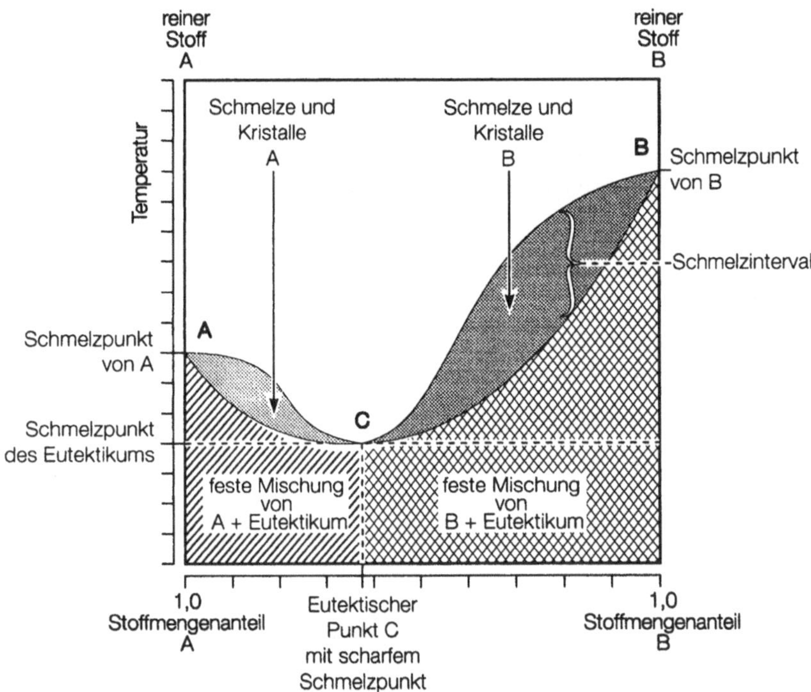

◘ Abb. 6.1 Schmelzpunktdiagramm von zwei mischbaren festen Substanzen

Ist das Mischungsverhältnis anders als das eutektische Gemisch, so schmilzt beim Erwärmen zuerst das Gemisch im eutektischen Verhältnis. Der überschüssige Teil bleibt kristallin zurück und schmilzt erst bei weiterer Energiezufuhr.

6.2 Anwendung in der Praxis

Das *beobachtete Schmelzintervall*, das heisst der Beginn und das Ende des Schmelzens, ermöglicht Aussagen zur Identifikation eines Stoffes, gibt aber auch Aufschlüsse über die Reinheit und die Wärmestabilität.

6.2.1 Identifikation

Zur Identifikation wird die Übereinstimmung der Temperaturwerte mit dem Literaturwert einer bestimmten Substanz oder direkt mit einer Probe einer Vergleichssubstanz geprüft. Ebenfalls kann zur Identifizierung ein *Mischschmelzpunkt* der Probe mit einer Vergleichssubstanz bestimmt werden.

6.2.2 Mischschmelzpunkt

Schmelzen zwei Stoffe bei der gleichen Temperatur, so kann mit einer Mischschmelzpunktbestimmung ermittelt werden, ob es sich um ein und denselben Stoff handelt. Dazu werden ungefähr gleiche Mengen der beiden Stoffe homogen vermischt und der Schmelzpunkt der Mischung parallel mit dem der beiden einzelnen Komponenten verglichen.

Bleibt der Schmelzpunkt der Mischung unverändert, sind die beiden Stoffe identisch. Wird er *herabgesetzt*, handelt es sich um zwei verschiedene Stoffe oder der eine Stoff ist stark verunreinigt. Alle drei Bestimmungen müssen parallel im selben Apparat vorgenommen werden, damit die gleichen Bedingungen wie die Temperatur oder die Heizgeschwindigkeit gewährleistet sind.

6.2.3 Reinheit

> Je reiner ein Stoff ist, desto besser ist die Übereinstimmung der Temperaturwerte mit dem Literaturwert und desto kleiner das Schmelzintervall.

6.2.4 Wärmestabilität

Es wird die Temperatur ermittelt, bis zu der ein Stoff *erhitzt* werden kann, ohne sich chemisch zu verändern. Eine Veränderung kann an einer Gasblasenbildung und/oder einer Farbveränderung der Schmelze erkannt werden. Der gefundene Wert gibt beispielsweise Aufschluss über die maximale Trocknungstemperatur oder die Temperatur, bei welcher der Stoff in einem Lösemittel gelöst werden kann, ohne sich dabei chemisch zu verändern

6.3   Ablauf und Dokumentation

Bei der Schmelzpunktbestimmung sind folgende Beobachtungen und die entsprechenden Temperaturen festzuhalten.

6.3.1 Schmelzverlauf

Der *Sinterpunkt* ist während des Aufheizens eines Feststoffes die erste sichtbare Veränderung und ist in der ◘ Abb. 6.2 dargestellt.

Einzelne Kristalle kleben an der Grenzfläche zusammen.

◘ Abb. 6.2 Sinterpunkt

Der *Schmelzbeginn* ist während des Aufheizens eines Feststoffes die zweite sichtbare Veränderung und ist in der ◘ Abb. 6.3 dargestellt.

Feste und flüssige Anteile liegen nebeneinander vor.

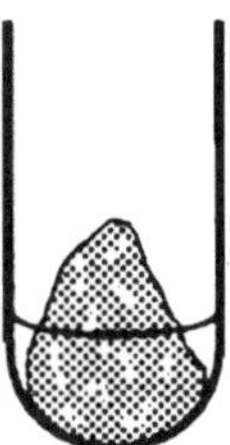

Abb. 6.3 Schmelzbeginn

Der *Klarpunkt* ist während des Aufheizens eines Feststoffes die dritte sichtbare Veränderung und ist in der ◘ Abb. 6.4 dargestellt.

Die Substanz ist geschmolzen.

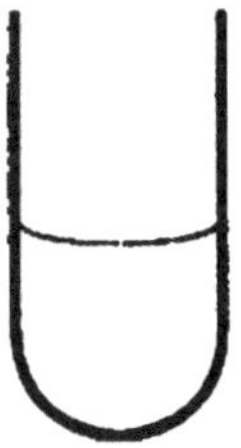

Abb. 6.4 Klarpunkt

6.3.2 Sublimation

Bilden sich im oberen, unbeheizten Teil des Glasröhrchens während dem Aufheizen Kristalle, sublimiert die Substanz, wie ◘ Abb. 6.5 zeigt.

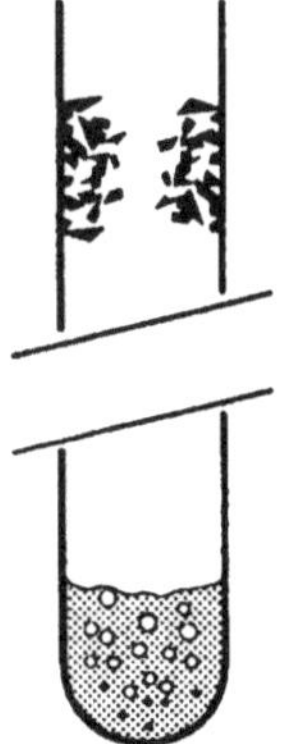

Abb. 6.5 Sublimation/Zersetzung

6.3.3   Zersetzung

Findet während der Aufheizphase eine Farbveränderung statt, bilden sich Gasblasen oder setzt eine Schaumbildung ein, sind dies Anzeichen für eine Zersetzung der Substanz. Sie ist stoffabhängig und kann schon vor dem Erreichen der Schmelztemperatur auftreten.

6.3.4   Resultatangabe

Bedeutungsvoll für die Interpretation ist die Angabe des Schmelzintervalls: Schmelzbeginn bis Klarpunkt, wobei oft auch der Sinterpunkt dokumentiert wird. Aspektveränderungen während dem Aufheizen lassen Rückschlüsse auf eventuelle Zersetzung während der Schmelzpunktbestimmung zu und müssen notiert werden.

Beispiel einer vollständigen Schmelzpunktangabe:

> (121,0 °C); 122,5–124,0 °C klare, farblose Schmelze

In der Literatur wird oft nur der Klarpunkt angegeben: 124 °C.

6.4   Praktische Durchführung

6.4.1   Probenvorbereitung

Für die Schmelzpunktbestimmung in der Kapillare ist die Verwendung von *fein pulverisierten, homogenen und trockenen Stoffen* vorteilhaft. Eine Tonscherbe entzieht einer feuchten Probe die Flüssigkeit, wenn die Substanz darauf fein zerrieben wird. Grobe Proben sollen zuerst pulverisiert werden.

6.4.2   Grobbestimmung

Ist der Schmelzpunkt unbekannt, wird durch rasches Erhitzen im Schmelzpunktbestimmungsapparat der Schmelzbereich oder der Bereich, in dem sich der Stoff zersetzt, ungefähr ermittelt. Die Feinbestimmung fällt meist etwas tiefer aus.

6.4.3   Feinbestimmung

Die Substanz 1 bis 3 mm hoch in ein Schmelzpunktröhrchen füllen und *verdichten*. Beispielsweise lässt sich das tun, indem man es durch ein Glasrohr auf eine feste Unterlage fallen lässt.

Bei hygroskopischen oder sublimierenden Stoffen werden Kapillaren am oberen Ende zugeschmolzen. Die Flamme eines Feuerzeugs liefert dafür genügend Wärme.

Das gefüllte Röhrchen wird bis ungefähr 10 °C *unter* die zu erwartenden Schmelztemperatur aufgeheizt. Anschliessend darf die Temperatur nur noch um 1 bis 2 °C/min *erhöht* werden, damit ein guter Temperaturausgleich (ausreichende Wärmeübertragung vom Heizblock über die Glaskapillare zur Substanz) gewährleistet ist.

Resultate und Aspekte sind, wie es oben beschrieben ist, zu notieren.

6.5   Geräte

6.5.1   Automatisierte Schmelzpunktbestimmung

Neben der visuellen Datenerfassung von Hand lassen sich Schmelzvorgänge auch automatisieren:

Wie die ◘ Abb. 6.6 zeigt wird bei einem älteren automatisierten Messprinzip ein Lichtstrahl durch die noch feste Probe auf eine Photozelle gerichtet.

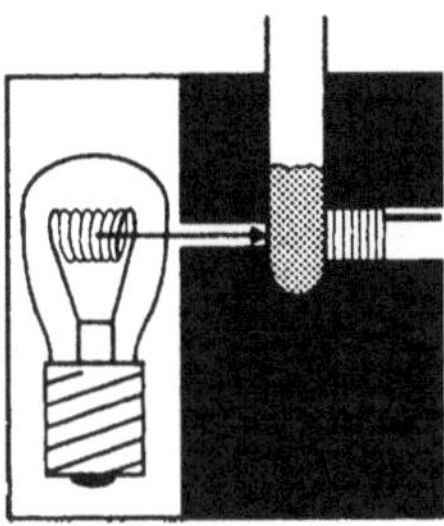

◘ **Abb. 6.6** Durchlicht vor Schmelzpunkt

Wie die ◘ Abb. 6.7 zeigt, verändert sich seine Lichtdurchlässigkeit sobald der Stoff zu schmelzen beginnt,. Die Strahlung auf die Photozelle erhöht sich und die Veränderung wird in Abhängigkeit zur Temperatur registriert. Mit dieser Methode lässt sich nur der Klarpunkt bestimmen.

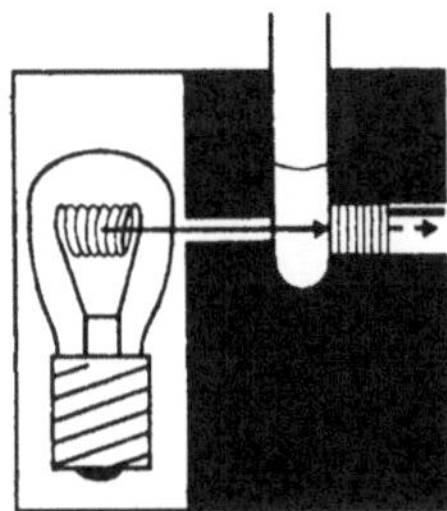

◘ **Abb. 6.7** Durchlicht nach Klarpunkt

In neueren Geräten, wie beispielsweise Büchi M-656 in ◘ Abb. 6.8 und 6.9, wird die Schmelzpunktbestimmung mit Videoaufzeichnung festgehalten. Sie lässt sich nachträglich anschauen und auswerten. Der Schmelzvorgang wird dabei mit Hilfe einer Reflexionsmethode überwacht. Die aufgezeichneten Bilder werden miteinander verglichen. Aus den Veränderungen im Bild zu Bild Vergleich wird eine Grafik erstellt und daraus lässt sich der Schmelzintervall ermitteln.

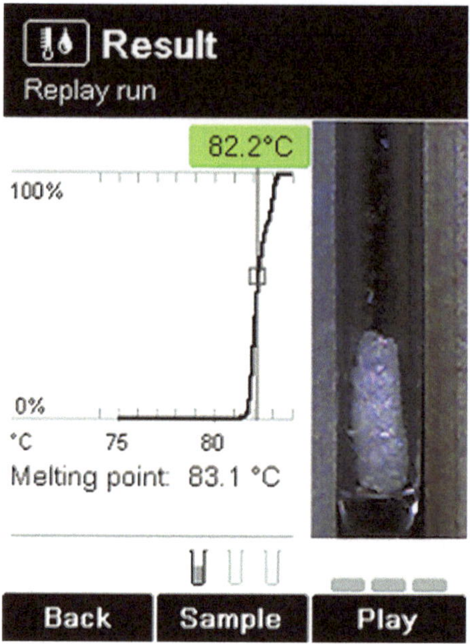

◘ Abb. 6.8 Display Büchi M-565. (Mit freundlicher Genehmigung durch Büchi Labortechnik AG, Flawil, Schweiz)

Viele der heute gebräuchlichen Geräte zur Bestimmung von Schmelzpunkten funktionieren nach diesem Prinzip und liefern Resultate mit hoher Genauigkeit. Die gleichzeitige visuelle Kamerabeobachtung im Auflichtmodus erweitert die Möglichkeiten der Dokumentation. Dank geschlossenen Ofensystemen lassen sich Heiz- und Kühlzeiten deutlich verkürzen. Dabei sind Simultanmessungen von bis zu sechs Proben möglich.

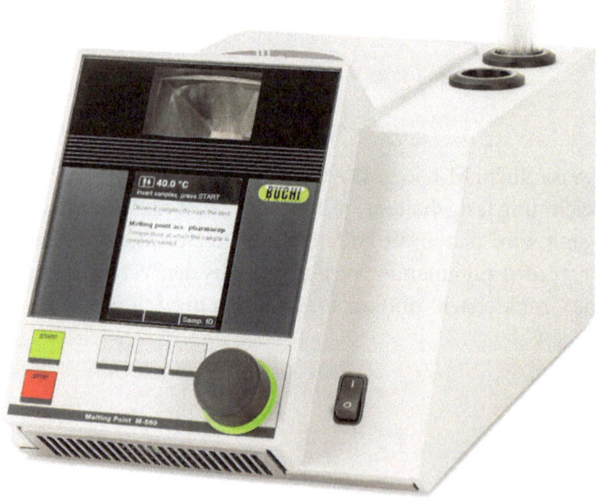

◘ Abb. 6.9 Büchi Melting Point M-560. (Mit freundlicher Genehmigung durch Büchi Labortechnik AG, Flawil, Schweiz)

6.5.2 Schmelzpunktmikroskop

Das mit einem Heiztisch ausgestattete Mikroskop, ein Beispiel zeigt die ◘ Abb. 6.10, ermöglicht ein genaues Beobachten des Schmelzvorganges einzelner Kristalle. Die Anwendung ist bis 400 °C möglich.

Die Temperatur der Heizplatte lässt sich an der Operationsoberfläche präzise regeln und die Anzeige erfolgt zum Beispiel über ein Digitalthermometer mit LCD-Display.

Dank integrierter Mikroskopkamera lassen sich auch hier Schmelzvorgänge elektronisch aufzeichnen, dokumentieren und auswerten.

Zur Verbesserung der Tiefenschärfe können temperaturunempfindliche Stoffe vor der Bestimmung zwischen Objektträger und Deckglas geschmolzen werden. Durch Abkühlen erstarrt die Substanz. Dadurch wird eine regelmässige Schichtdicke des Präparates erreicht.

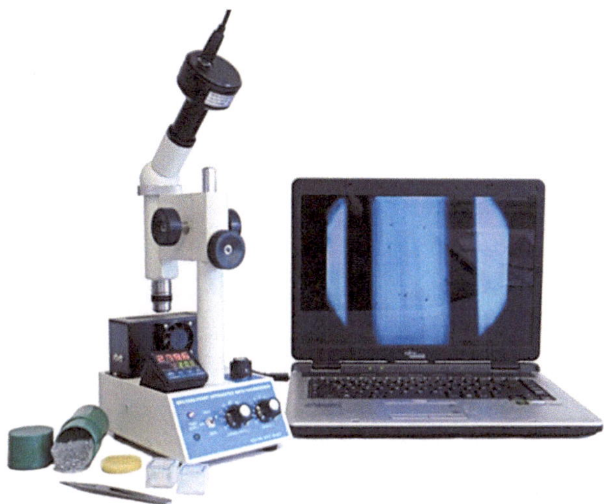

◘ Abb. 6.10 Müller Schmelzpunkt Mikroskop SPM-X400. (Mit freundlicher Genehmigung durch Mueller Optronic Germany, Erfurt, ► http://www.mueller-optronic.com/Schmelzpunkt-Messgeraete/manuelle-Geraete/Schmelzpunkt-Messgeraet-SPM-X400::193.html)

6.6 Zusammenfassung

Der Schmelzpunkt ist eine thermische Kennzahl einer chemischen Verbindung. Er ist definiert als Temperatur, bei welcher ein Stoff vom festen in den flüssigen Zustand übergeht. Er wird zur Identifikation und zur Reinheitsbestimmung herangezogen.

Weiterführende Literatur

http://www.mueller-optronic.com/Schmelzpunkt-Messgeraete/manuelle-Geraete/Schmelzpunkt-Messgeraet-SPM-X400::193.html, aufgerufen am 7. Mai 2015

http://ch.mt.com/ch/de/home/products/Laboratory_Analytics_Browse/FP_family_browse/Excellence_Melting_Point_Systems.html?cmp=sea_02010206&bookedkeyword=%2Bschmelzpunktbestimmung&matchtype=b&adtext=59693581465&placement=&network=g, aufgerufen am 7. Mai 2015

Erstarrungspunktbestimmung

© Springer International Publishing Switzerland 2017
aprentas (Hrsg.), *Laborpraxis Band 2: Messmethoden*, DOI 10.1007/978-3-0348-0968-9_7

7.1   Grundlagen

7.1.1   Erstarrungspunkt

Die Temperatur, bei der ein Stoff vom flüssigen in den festen Zustand übergeht, heisst Erstarrungspunkt. Dabei existieren flüssige und feste Anteile nebeneinander. Erstarrungspunkt und Schmelzpunkt sind theoretisch gleich.

> **Abkürzung und Bezeichnung: Ep = Erstarrungspunkt**

Der Erstarrungspunkt als *physikalische Stoffkonstante* ermöglicht *dieselbe Aussage* wie der Schmelzpunkt.

7.1.2   Erstarrungspunktdepression

Die Erstarrungspunktdepression ist mit der Schmelzpunktdepression identisch. Ein Erstarrungspunktintervall ist schwer feststellbar. Es wird deshalb nur die Höchsttemperatur bestimmt, welche sich während des Erstarrens einstellt.

7.1.3   Temperaturverlauf

Den theoretischen Temperaturverlauf beim Erstarren zeigt ◻ Abb. 7.1.

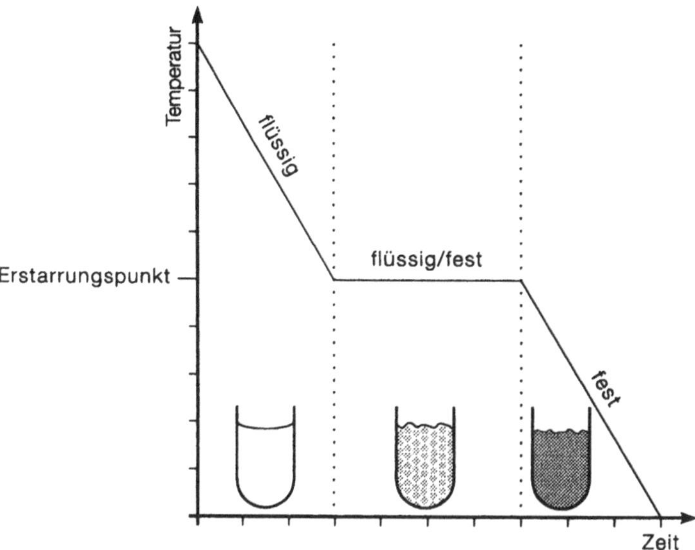

◻ **Abb. 7.1** Theoretischer Temperaturverlauf beim Erstarren

Praktischer Verlauf

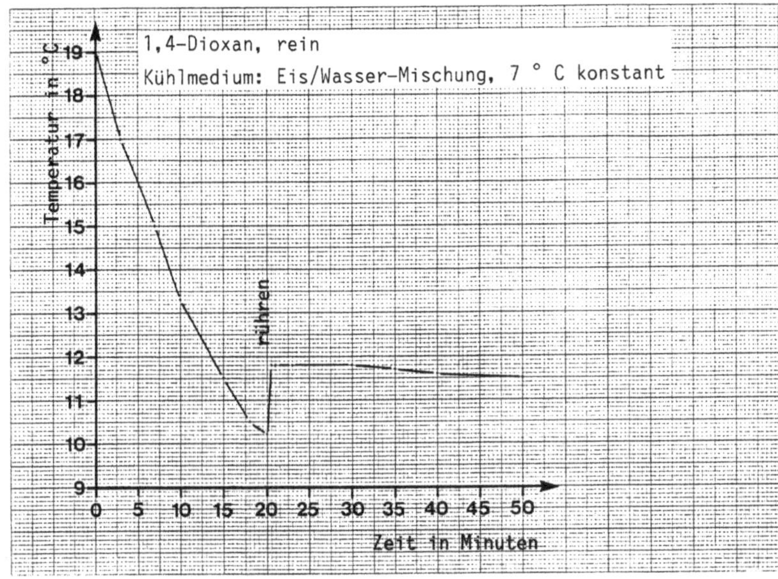

 Abb. 7.2 Praktischer Temperaturverlauf beim Erstarren

Der ermittelte Erstarrungspunkt in diesem Beispiel ist 11,8 °C, wie in ◨ Abb. 7.2 gezeigt.

Oft muss eine Schmelze unter ihren Erstarrungspunkt gekühlt werden, bevor der Kristallisationsprozess eintritt.

7.2 Bestimmung nach Pharmacopoea (Ph.Helv.VI)

7.2.1 Grobbestimmung

2 bis 3 mL der zu bestimmenden Flüssigkeit oder Schmelze in einem Reagenzglas vorlegen, wie dies ◨ Abb. 7.3 zeigt. Unter Rühren mit dem Thermometer langsam abkühlen und den ungefähren Erstarrungspunkt bestimmen.

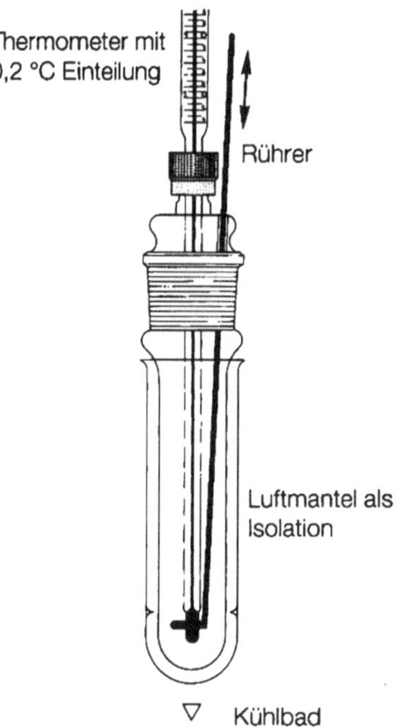

◘ Abb. 7.3 Erstarrungspunktbestimmungsapparatur. Der Rührer ist Ringförmig um den Thermometer angeordnet und lässt sich gut vertikal bewegen

7.2.2   Bestimmung in der Erstarrungspunktbestimmungsapparatur

- 10 bis 15 mL Flüssigkeit oder Schmelze vorlegen.
- Das Flüssigkeitsgefäss des Thermometers muss vollständig eintauchen.
- Apparat in das Kühlmittel hineinhängen.
- Die Temperatur des Kühlmittels muss 3 bis 5 °C unter dem zu erwartenden Erstarrungspunkt sein.
- Langsam (1 bis 2 °C/min), ohne zu rühren, abkühlen auf 1 bis 2 °C unter den zu erwartenden Erstarrungspunkt.
- rühren bis die Flüssigkeit zu erstarren beginnt.
- Eventuell mit einigen Kristallen der betreffenden Substanz den Kristallisationsvorgang einleiten.

Beim Erstarren steigt die Temperatur wegen der *freiwerdenden Kristallisationswärme* vorübergehend an. Als Erstarrungspunkt gilt die höchste, während der Kristallisation auftretende, Temperatur.

7.3   Zusammenfassung

Die Temperatur, bei der ein Stoff vom flüssigen in den festen Zustand übergeht, heisst Erstarrungspunkt. Dabei existieren flüssige und feste Anteile nebeneinander.

Weiterführende Literatur

Schwetlick K et al (2009) Organikum, 23. Aufl. Wiley-VCH, Weinheim

Siedepunktbestimmung

© Springer International Publishing Switzerland 2017
aprentas (Hrsg.), *Laborpraxis Band 2: Messmethoden*, DOI 10.1007/978-3-0348-0968-9_8

8.1   Grundlagen

8.1.1   Siedepunkt

Die Temperatur, bei der eine Flüssigkeit unter Sieden in den gasförmigen Zustand übergeht, nennt man Siedepunkt. Der Siedepunkt ist eine *physikalische Stoffkonstante*.

Bei dieser Temperatur entspricht der *Dampfdruck* der Flüssigkeit dem auf der Flüssigkeit lastenden *Umgebungsdruck*. Die Temperatur, bei der eine Flüssigkeit siedet, ist druckabhängig. Reine Stoffe haben einen charakteristischen Siedepunkt.

> **Abkürzungen und Bezeichnungen für den Siedepunkt**
> **Sdp: Siedepunkt**
> **Kp: Kochpunkt**
> **bp: boiling point**

Mit dem Siedepunkt kann in der Literatur gleichzeitig der Druck angegeben sein. Beispielsweise bedeutet Sdp. = 110,6 °C^{20} der Siedepunkt beträgt 110,6 °C bei 20 hPa oder mbar. Siedepunktangaben ohne Druckangaben beziehen sich in der Regel auf den Normaldruck von 1013 hPa oder mbar.

Die Angaben in verschiedenen Literaturstellen können sich in einer engen Bandbreite voneinander unterscheiden. Dies kann an unterschiedlichen Bedingungen während den, den Literaturstellen zu Grunde liegenden, Messungen liegen. Es ist zu beachten, dass auch heutzutage manche Literaturstellen die veralteten Druckeinheiten *Torr* oder *mmHg* verwenden.

Der bei Normaldruck ermittelte Siedepunkt ermöglicht Aussagen zur Identifikation eines Stoffes, gibt aber auch Aufschluss über die Wärmestabilität.

8.1.2   Siedepunktdepression und Siedepunkterhöhung

Bei homogenen Stoffgemischen tritt je nach ihrer Zusammensetzung normalerweise eine *Siedepunkterhöhung* oder eine Siedepunktdepression im Falle eines Minimumazeotrops auf.

Beispiele:

- Ein Gemisch aus Wasser und Ethanol ergibt eine azeotrope Siedepunktdepression.
- Ein Gemisch aus Wasser und Kochsalz ergibt eine Siedepunkterhöhung.

8.2   Siedepunktbestimmung

8.2.1   Bestimmung im Reagenzglas

- Abb. 8.1 zeigt eine Reagenzglasapparatur zur Siedepunktbestimmung.
- Reagenzglas zirka 1 cm hoch mit der Probenflüssigkeit füllen.
- Siedeerleichterer wie Siedesteinchen zufügen.
- Vorsichtig erwärmen.
- Einen Thermometer über die Flüssigkeit halten.

Der Siedepunkt ist erreicht, sobald die entstehenden Dämpfe eine *konstante* Temperatur aufweisen.

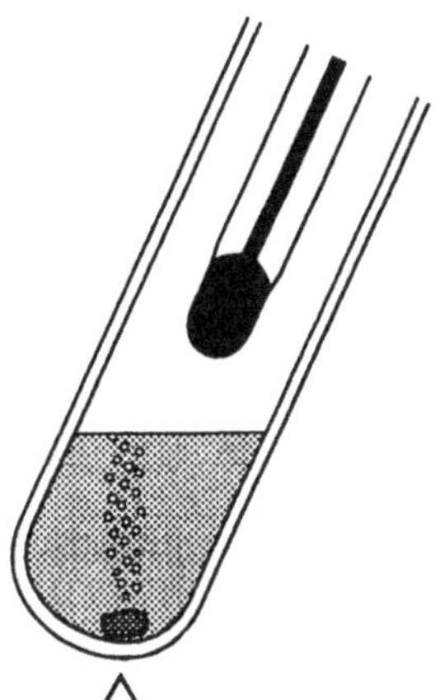

■ **Abb. 8.1** Reagenzglasapparatur zur Siedepunktbestimmung

8.2.2 Siedepunktbestimmung nach Siwoloboff

Zur genauen Bestimmung des Siedepunkts kleiner Flüssigkeitsmengen dient beispielsweise ein Schmelzpunktapparat mit einem Einsatz für Siedepunktröhrchen nach Siwoloboff.

— Siedepunktröhrchen zirka 5–10 mm hoch mit der Probenflüssigkeit füllen und die Siedekapillare nach Siwoloboff darin eintauchen.

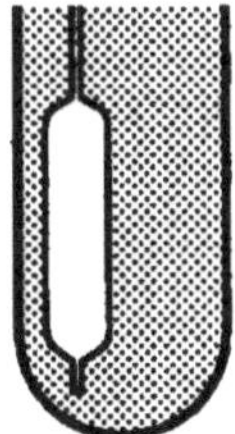

■ **Abb. 8.2** Ungeheiztes Siedepunktröhrchen und Siedekapillare nach Siwoloboff

— Rasch auf 5 bis 10 °C unterhalb der zu erwartenden Siedetemperatur aufheizen. Anschliessend mit zirka 1 °C/min weiterheizen. Dabei entweichen langsam und regelmässig kleine Luftbläschen aus der Kapillare.

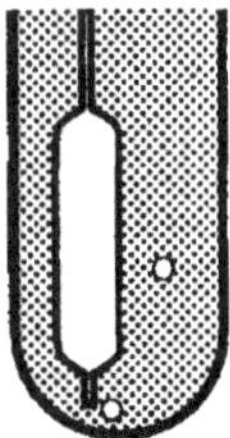

■ **Abb. 8.3** Siedepunktröhrchen und Siedekapillare nach Siwoloboff während des Aufheizens

- Sobald die Siedetemperatur erreicht ist, bildet sich ein sehr rascher, kontinuierlicher Strom von Dampfbläschen, welcher wie eine kleine Perlenkette aussieht, wie 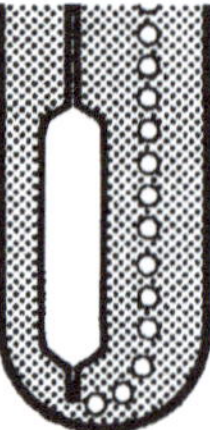 Abb. 8.4 zeigt. In diesem Moment muss die Temperatur abgelesen werden.

◘ Abb. 8.4 Siedepunktröhrchen und Siedekapillare nach Siwoloboff auf den Siedepunkt aufgeheizt

- Heizung kurz ausschalten. Es erfolgt eine Abnahme der Blasenbildung.

Sobald die Blasenbildung ausbleibt, wird die Temperatur nochmals abgelesen. Die Bestimmung wird wiederholt, wobei zu beachten ist, dass sich die Kapillare nicht mit Flüssigkeit füllt. Die abgelesenen Werte müssen innerhalb eines Bereiches von $\pm 1\,°C$ übereinstimmen.

8.2.3 Geräte zur Siedepunktbestimmung

Wie die  Abb. 8.5 zeigt, lassen sich Siedepunkte instrumentell mit denselben Geräten bestimmen wie Schmelzpunkte. Viele Geräte besitzen erweiterte Öffnungen zum Einführen eines Siedepunktröhrchens nach Siwoloboff, welches einen etwas grösseren Durchmesser als ein Schmelzpunktröhrchen hat.

◘ Abb. 8.5 Halterung für drei Schmelzpunktröhrchen in der Mitte und zwei Siedepunktröhrchen aussen. (Mit freundlicher Genehmigung durch Büchi Labortechnik AG, Flawil, Schweiz)

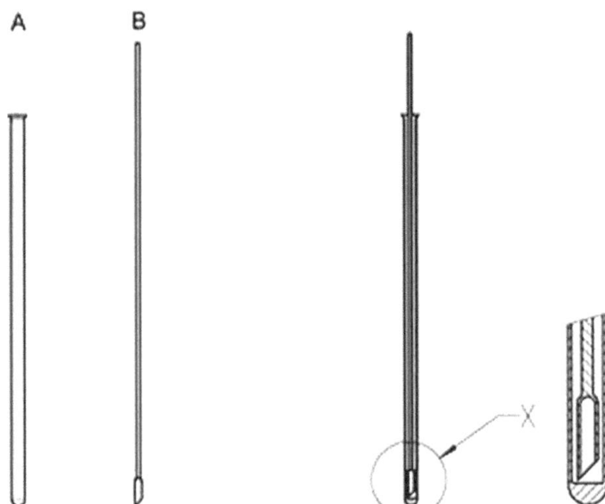

🔲 **Abb. 8.6** *A* Siedepunktröhrchen, *B* Siedekapillare nach Siwoloboff

Siedepunktbestimmungen können analog der Schmelzpunktbestimmung mit Videoaufzeichnung automatisiert registriert und ausgewertet werden.

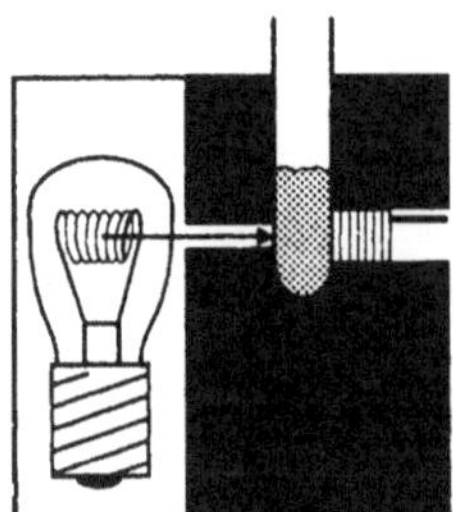

🔲 **Abb. 8.7** Büchi M-560 zur Schmelz- und Siedepunktbestimmung

8.3 Zusammenfassung

Der Siedepunkt entspricht derjenigen Temperatur bei der der Dampfdruck der Flüssigkeit gleich dem auf der Flüssigkeit lastenden Umgebungsdruck ist. Die Temperatur, bei der eine Flüssigkeit siedet, ist deshalb druckabhängig. Reine Stoffe haben einen charakteristischen Siedepunkt.

Weiterführende Literatur

http://www.buchi.com/de-de/content/schmelzpunkt, aufgerufen am 24.4.2015
Schwetlick K et al (2009) Organikum, 23. Aufl. Wiley-VCH, Weinheim

Druck- und Durchflussmessung von Gasen

© Springer International Publishing Switzerland 2017
aprentas (Hrsg.), *Laborpraxis Band 2: Messmethoden*, DOI 10.1007/978-3-0348-0968-9_9

9.1   Grundlagen

9.1.1   Druck

Der Druck ist der *Quotient* aus einer Kraft welche senkrecht und gleichmässig auf eine Fläche wirkt.
Druck = Kraft / Fläche

> **Die SI-Einheit für den Druck ist das *Pascal (Pa)*.**

Gebräuchliche Einheiten sind: Siehe ◘ Tab. 9.1.

◘ **Tab. 9.1** Druckeinheiten	
1 Pa	$= 1\frac{N}{m^2}$
1 bar	$= 1 \cdot 10^5\,Pa$
1 mbar	$= 1 \cdot 10^{-3}\,bar = 1 \cdot 10^2\,Pa = 1\,hPa$ (Hektopascal)
1 psi	$= 6{,}89 \cdot 10^{-2}\,bar = 6895\,Pa$

Eine ältere Einheit ist das *Torr* respektive „Millimeter Quecksilbersäule" (mm Hg). Sie leitet sich vom Luftdruck bei Normalbedingungen ab und wurde mit Quecksilbermanometern, wie die ◘ Abb. 9.1 schematisch zeigt, gemessen.
760 mmHg oder *Torr* bei 0 °C = 1013 hPa oder mbar

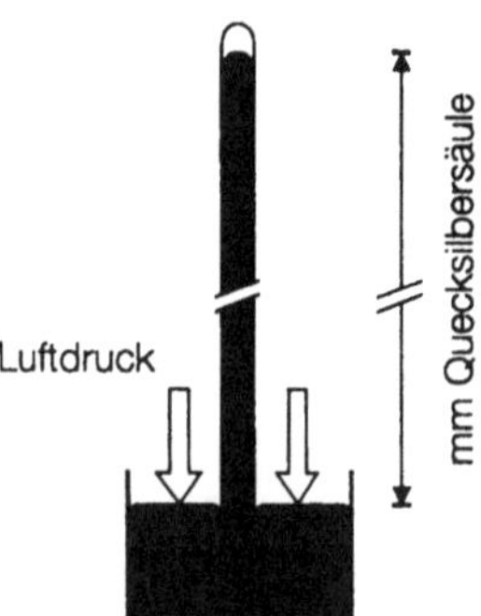

◘ **Abb. 9.1** Quecksilbersäule

9.1.2   Druckbereiche

Siehe ◘ Tab. 9.2.

◘ **Tab. 9.2** Druckbereiche	
Überdruck	$> 1013\,hPa$
Normaldruck	$1013\,hPa$
Unterdruck	
– Grobvakuum	bis $1 \cdot 10^1\,hPa$
– Feinvakuum	bis $1 \cdot 10^{-3}\,hPa$
– Hochvakuum	bis $1 \cdot 10^{-6}\,hPa$
– Ultrahochvakuum	$< 1 \cdot 10^{-6}\,hPa$

9.1.3   Einsatz von Manometern

Manometer, gleich welcher Bauart, müssen vor Verschmutzung durch aggressive Gase und Dämpfe geschützt werden. Das Ablagern von Kondensaten im Gerät ist durch geeignete Vorrichtungen wie Kühlfallen, Gaswaschflaschen oder Woulff'sche Flaschen zu verhindern.

Alle Leitungen sollen zwischen Apparatur und Messgerät *ansteigend* montiert werden. So kann verhindert werden, dass Flüssigkeit in das empfindliche Messgerät eindringen kann.

Elektronische Messgeräte sollten während des Messbetriebs erschütterungsfrei montiert sein.

Die in der Vergangenheit oft eingesetzten Quecksilbermanometer sind aus Sicherheitsgründen wegen der Glasbruchgefahr und wegen der Giftigkeit von Quecksilber praktisch aus dem Laboralltag verschwunden.

9.2   Mechanische Manometer

Mechanische Manometer bestehen aus *luftdicht verschlossenen, evakuierten Metallgefässen*. Diese lassen sich durch Druckveränderungen verformen. Diese Bewegung wird auf einen Zeiger übertragen, der auf einer entsprechenden Skala den Druck anzeigt.

Mechanische Manometer können für Über- und Unterdruckmessungen eingesetzt werden. Sie haben relativ unempfindliche Anzeigen, sind aber sehr robust und werden hauptsächlich für Druckreduzierventile und in grosstechnischen Anlagen eingesetzt.

9.2.1   Röhrenfedermanometer

◘ Abb. 9.2 zeigt ein Röhrenfedermanometer, auch Bourdon-Rohr genannt. Es besteht aus einem einseitig geschlossenen, kreisförmig gebogenen Metallrohr mit ovalem Querschnitt. Der von allen Seiten auf die Rohrwandung einwirkende Druck verursacht durch den Flächenunterschied zwischen innerem und äusserem Durchmesser bei jeder Druckänderung eine *Veränderung der Rohrkrümmung*. Dadurch bewegen sich die Rohrenden gegeneinander oder auseinander. Diese Bewegung ändert die Zeigerstellung auf der Skala.

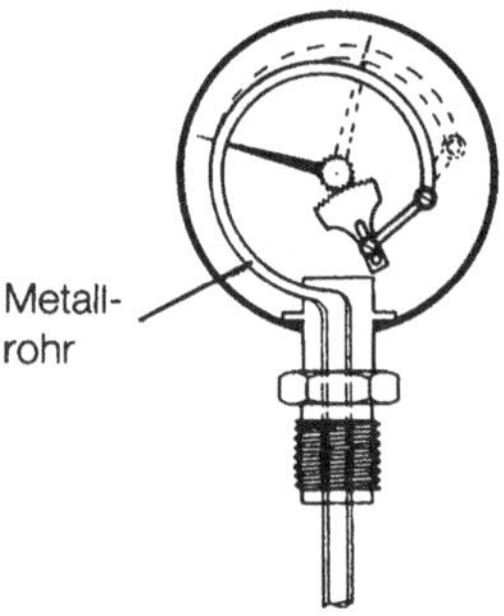

◘ **Abb. 9.2** Röhrenfedermanometer

9.2.2   Plattenfedermanometer

Beim Plattenfedermanometer verändert sich, wie die ◻ Abb. 9.3 zeigt, je nachdem wie der Druck auf die Biegung der Metallmembrane einwirkt, die Zeigerstellung auf der Skala.

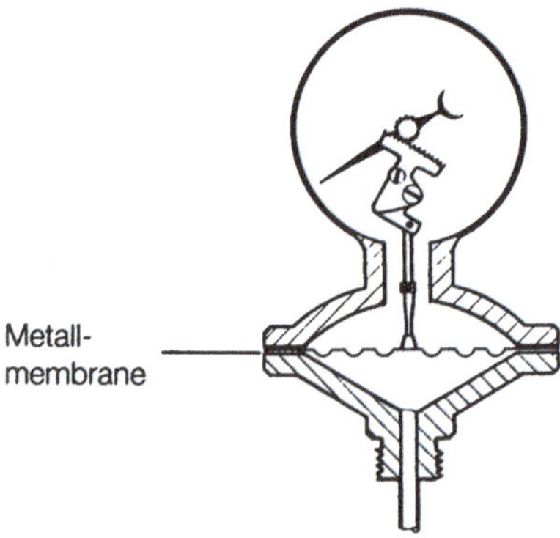

◻ **Abb. 9.3** Plattenfedermanometer

9.2.3   Kapselfeder-Manometer (Dosenbarometer)

Kapselfedermanometer, wie eines in ◻ Abb. 9.4 im Querschnitt dargestellt ist, sind verwandt mit dem Plattenfedermanometer. Sie bestehen aus zwei übereinander angeordneten Plattenfedern, die an ihren Rändern miteinander verschweisst sind, so dass ein abgeschlossener Druckraum, welcher als Messdose bezeichnet wird, entsteht. Das Messmedium wird über ein ebenfalls mit der Kapselfeder dicht verschweisstes Kapillarrohr in die Kapselfeder geleitet. Sie wird im Manometer so gelagert, dass sich beide Seiten der Kapselfeder durchbiegen können, und so der doppelte Federweg der Plattenfeder messtechnisch ausgenutzt werden kann.

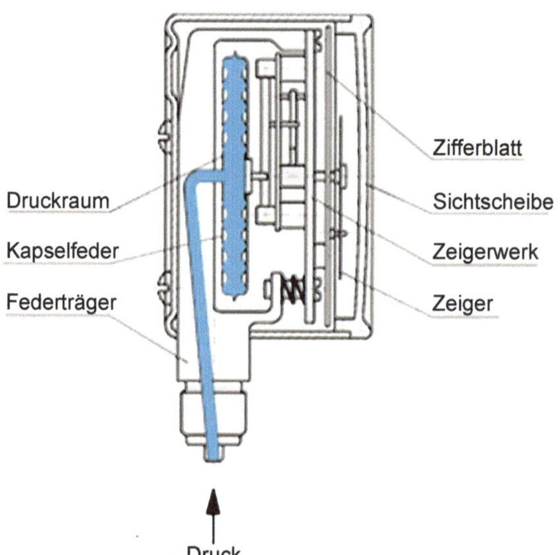

◻ **Abb. 9.4** Kapselfedermanometer. (Mit freundlicher Genehmigung von WIKA, Alexander Wiegand SE & Co. KG, Klingenberg, Deutschland)

9.3 Elektronische Manometer

9.3.1 Vakuummeter nach Pirani

Einsatz im Feinvakuumbereich bis 1×10^{-3} hPa

Wie die ◘ Abb. 9.5 und 9.6 zeigen, wird durch einen *Widerstandsdraht*, der sich im zu evaku-ierenden Raum befindet, Strom geleitet. Der Widerstandsdraht erwärmt sich dabei auf eine bestimmte konstante Temperatur.

Wird der Raum evakuiert, verringert sich die Gasdichte und somit die *Wärmeableitung* vom Draht. Dadurch erwärmt er sich stärker. Demzufolge erhöht sich der Widerstand des Drahtes und der durchfliessende Strom verringert sich bei konstant angelegter Spannung.

Diese Veränderung kann auf der Skala eines Messgerätes abgelesen werden.

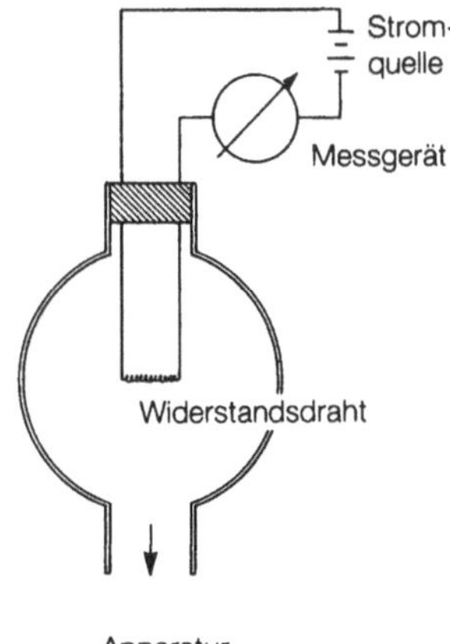

◘ **Abb. 9.5** Pirani Messprinzip

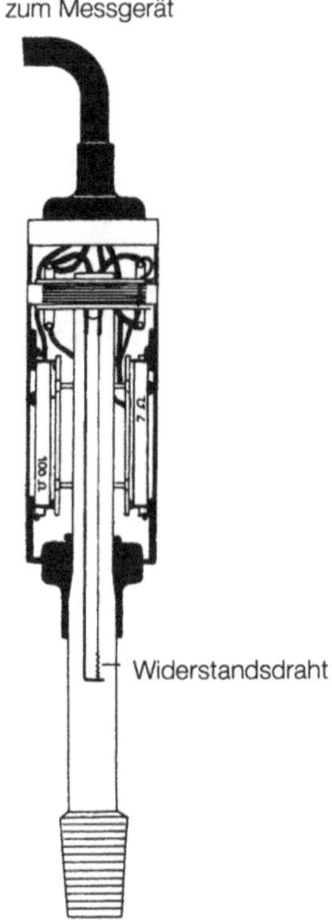

Glasrohr mit Normschliff
zum Anschluss an
Apparatur

◘ **Abb. 9.6** Pirani Messfühler

◨ Abb. 9.7 zeigt ein VACUU·VIEW® Messgerät.

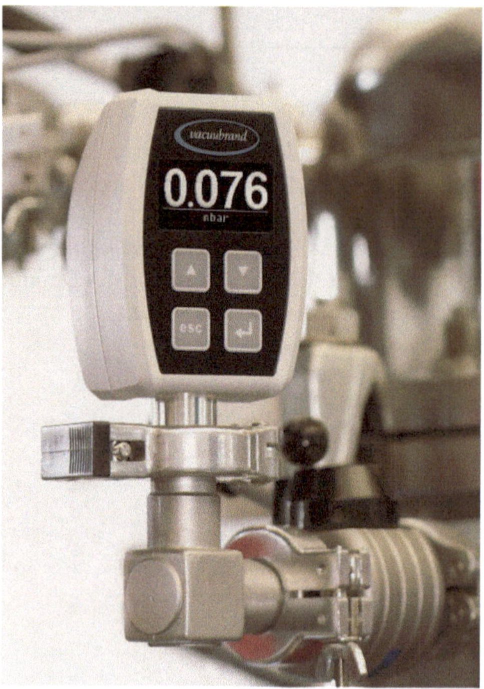

◨ **Abb. 9.7** Vakuummessgerät VACUU·VIEW extended mit kombiniertem Pirani- und Keramikmembransensor. (Mit freundlicher Genehmigung von VACUUBRAND GMBH + CO KG, Wertheim, Deutschland)

9.3.2 Piezoresistive Vakuummeter

Piezoresistive Vakuummeter sind sehr einfach und zuverlässig in der Handhabung. Die Kalibrierung dieser Geräte kann unter Zuhilfenahme eines genauen Vergleichsmanometers relativ einfach selbst vorgenommen werden.

Wie in ◨ Abb. 9.8 gezeigt, wirkt auf eine *dünne Siliziummembrane*, welche dadurch entsprechend verbogen wird, eine dem herrschenden Umgebungsdruck entsprechende Kraft. Die auf der Membrane vorhandenen Piezo-Widerstandsbahnen verändern durch diese Deformation die elektrische Leitfähigkeit.

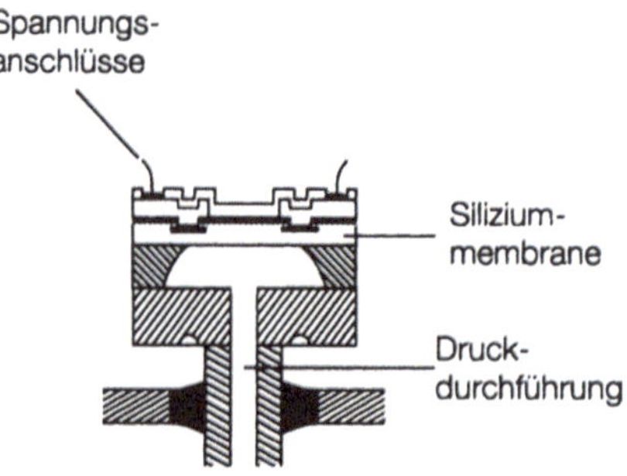

◨ **Abb. 9.8** Piezoresistives Messprinzip

Die Leitfähigkeitswerte im Piezowiderstand werden in Form von Druckwerten digital angezeigt.

Einsatz: je nach Konstruktion der Siliziummembrane in unterschiedlichen Vakuumbereichen.

■ Abb. 9.9 zeigt ein DVR 2 Grobvakuummessgerät.

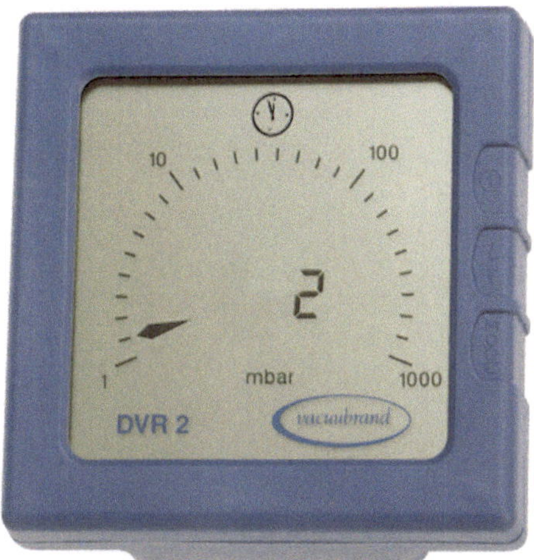

■ **Abb. 9.9** DVR 2 Grobvakuummessgerät von vacuubrand. (Mit freundlicher Genehmigung von VACUUBRAND GMBH + CO KG, Wertheim, Deutschland)

9.4 Anzeige- und Messgeräte für Gasdurchfluss

9.4.1 Blasenzähler

Die ■ Abb. 9.10 zeigt dieses einfache Gerät, welches ein Gas durch eine inerte Flüssigkeit leitet. Die *aufsteigenden Gasblasen* zeigen qualitativ an, ob Gas durch die Leitung strömt. Quantitativ können nur Veränderungen des Gasflusses festgestellt werden.

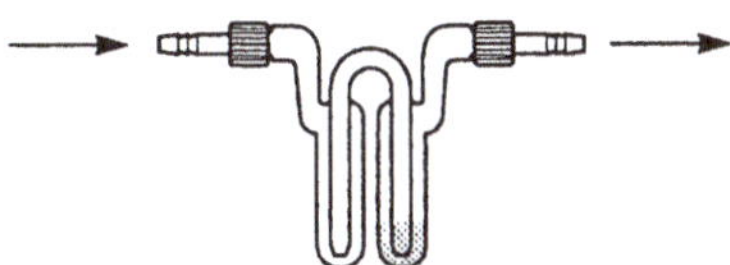

■ **Abb. 9.10** Beispiel für einen Blasenzähler

9.4.2 Rotameter

Die ■ Abb. 9.11 zeigt einen Rotameter. Er besteht aus einem Glasrohr, welches sich nach oben erweitert. Durch das von unten einströmende Gas wird ein Schwimmer mehr oder weniger stark gehoben. Die Höhe des Schwimmerstandes ist indirekt das Mass für die durchströmende Gasmenge.

Der Schwimmer ist so konstruiert, dass er vom strömenden Gas in eine drehende, schwebende Bewegung versetzt wird ohne die Glaswand zu berühren.

Die unterschiedliche Dichte verschiedener Gase bedingt eine Umrechnung der abgelesenen Werte. Werden Rotameter nach Vorschrift des Herstellers justiert, erreicht man eine grosse Messgenauigkeit.

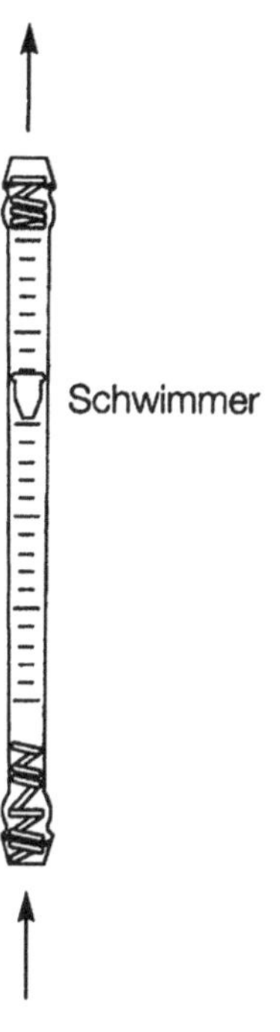

◘ Abb. 9.11 Rotameter

9.4.3 Elektronische Durchflussmessgeräte

Elektronische Durchflussmessgeräte werden im Labor zum Beispiel in Gaschromatographen eingesetzt, wo exakt eingestellte Durchflussmengen notwendig sind. Es existieren mehrere Messverfahren.

Als Beispiel ist hier ein kalorimetrischer Durchflussmesser nach dem Temperaturdifferenzverfahren beschrieben und in der ◘ Abb. 9.12 graphisch dargestellt.

Der thermische Strömungssensor besteht aus zwei im Durchflussrohr in Flussrichtung hintereinander angebrachten Temperatursensoren. In der Mitte zwischen diesen beiden Sensoren befindet sich ein *Heizelement*, welches das im Rohr befindliche Gas lokal aufheizt. Ist im Rohr kein Gasfluss vorhanden, messen *beide Temperatursensoren* dieselbe Gastemperatur. Fliesst Gas durch das Rohr, wird beheiztes Gas abgeführt. Das beheizte Gas wird durch den Gasfluss dem nachgeschalteten Sensor zugeführt und erhöht dort die Temperatur. Die *Temperaturdifferenz* zwischen den beiden Sensoren kann so als Mass für den Massenstrom eines bestimmten Gases herangezogen werden.

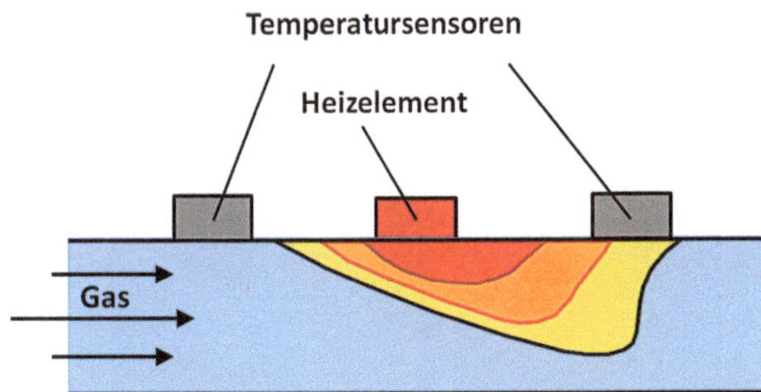

D Abb. 9.12 Kalorimetrisches Durchflussverfahren (Differenzverfahren)

9.5 Zusammenfassung

Viele chemische und physikalische Vorgänge werden durch Änderung des Druckes oder durch Änderung der Durchflussmenge eines Gases beeinflusst.

Druckverminderung bewirkt beispielsweise, dass die Siedetemperatur oder die Sublimationstemperatur eines Stoffes erniedrigt wird. Dies wird unter anderem beim Destillieren, Trocknen oder Sublimieren ausgenützt.

Druckerhöhung wird beispielsweise benützt, um eine bessere Ausbeute bei chemischen Reaktionen zu erhalten.

Die Änderung der Durchflussmenge des Trägergases beeinflusst in der Gaschromatographie die Auftrennung eines Stoffgemisches.

Damit solche Arbeiten reproduziert werden können, ist es notwendig, dass Druck und Durchflussmenge mess- und überwachbar sind.

Weiterführende Literatur

http://www.festo.com/w/rep/images/0/0d/Manometer2_de.png, aufgerufen am 7. Mai 2015
http://www.vacuubrand.com/de, aufgerufen am 7. Mai 2015
http://www.hoentzsch.com/de/produkte/kategorien/m/thermisch-ta/, aufgerufen am 7. Mai 2015

Bestimmen der Refraktion

© Springer International Publishing Switzerland 2017
aprentas (Hrsg.), *Laborpraxis Band 2: Messmethoden*, DOI 10.1007/978-3-0348-0968-9_10

10.1   Physikalische Grundlagen

Die Refraktion oder die Lichtbrechung ist eine Erscheinung, die an der Grenzfläche zwischen lichtdurchlässigen Stoffen auftritt. Sie ist eine *physikalische Stoffkonstante.*
Aus dem Alltag sind einige Beispiele bekannt:

- Das Sonnenlicht ist abends noch zu sehen, obwohl sich die Sonne schon hinter dem Horizont befindet.
- Über dem erhitzten Strassenbelag spiegelt sich im Sommer der Himmel.
- Die Kette eines vor Anker liegenden Schiffes ist an der Eintauchstelle im Wasser scheinbar abgeknickt.

Im Labor wird die Refraktion mit optischen Geräten gemessen. Als Mass für die Refraktion dient der Brechungsindex. Der *Brechungsindex* ist eine für jeden Stoff bei einer definierten Temperatur und Wellenlänge charakteristische Grösse. Er kann als Reinheitskriterium oder Identifikationsmerkmal eines Stoffes dienen. Zudem findet das Bestimmen der Refraktion Anwendung bei spezifischen Gehaltsbestimmungen wie beispielsweise Alkohol-, Zucker-, Glykolgehalt. Die Vorzüge dieser optischen Messmethode liegen im geringen Substanzbedarf, im präzisen Ergebnis und in der grossen Schnelligkeit des Messvorganges.

> Die Refraktion ist die Richtungsänderung, die ein Lichtstrahl unter Veränderung seiner Fortpflanzungsgeschwindigkeit beim Übergang in ein optisch andersartiges Medium erfährt. Siehe ◘ Abb. 10.1.

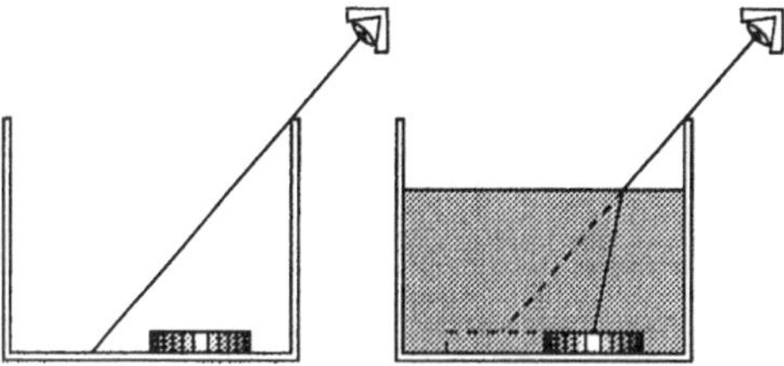

◘ **Abb. 10.1** Betrachtung einer Münze in einem Gefäss ohne Wasser und mit Wasser

Über die Kante des Gefässes betrachtet, ist die auf dem Gefässboden liegende Münze nicht sichtbar. Nach dem Einfüllen von Wasser verändert sich ihr Standort scheinbar und sie wird sichtbar.

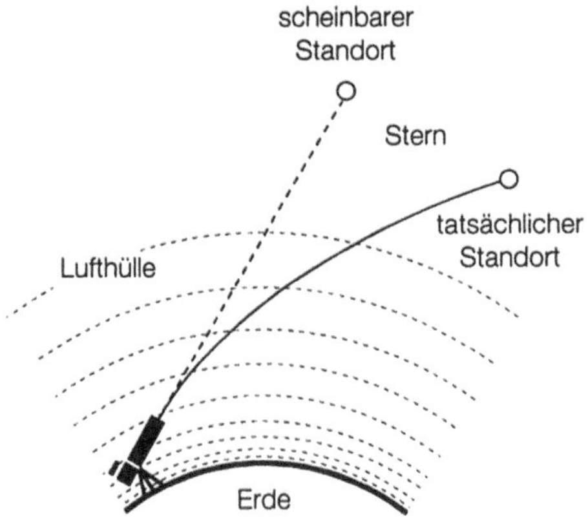

❏ Abb. 10.2 Stern am Himmel

Die Sterne am nächtlichen Himmel haben tatsächlich einen anderen Standort als die Betrachter auf der Erde sehen. Die Lufthülle lenkt die Lichtstrahlen ab, wie ❏ Abb. 10.2 zeigt.

10.1.1 Lichtbrechung an der Grenzfläche zweier Medien

Die Richtungsänderung, die ein Lichtstrahl beim Übergang von einem Medium in ein anderes erfährt, hängt von der Art der beiden Stoffe ab. Wird ein Lichtstrahl *zum Einfallslot hin gebrochen*, ist der zweite Stoff *optisch dichter* wie die ❏ Abb. 10.3 zeigt. Ein Stoff ist *optisch dünner*, wenn der Lichtstrahl *vom Einfallslot weg gebrochen* wird.

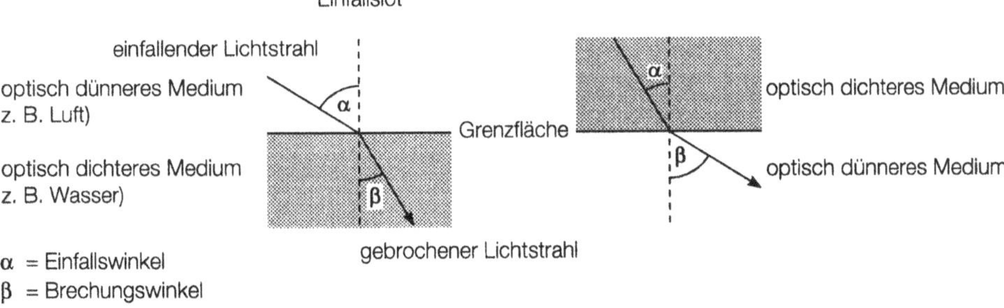

❏ Abb. 10.3 Richtungsänderung eines Lichtstrahls

10.1.2 Durchgang des Lichts durch planparallele Platten

Wie die ◘ Abb. 10.4 zeigt, wird ein schräg auf eine planparallele Platte einfallender Lichtstrahl beim Eintreten in das optisch andersartige Medium gebrochen. Beim Austreten wird der Lichtstrahl nochmals gebrochen und zwar um den gleichen Betrag, jedoch im entgegengesetzten Sinn. Dadurch wird der *Lichtstrahl parallel verschoben*.

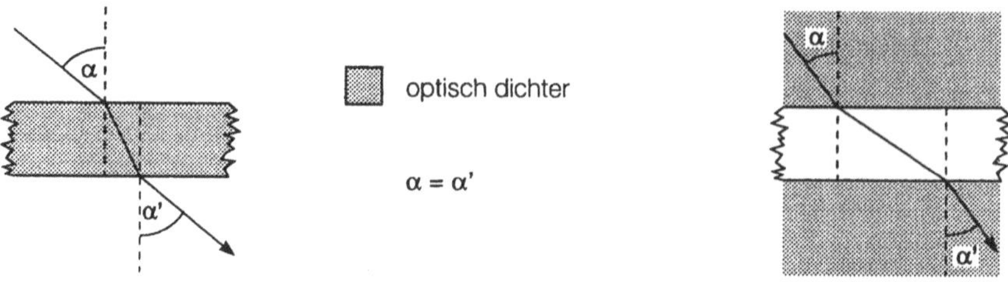

◘ **Abb. 10.4** Licht durch planparallele Platten

10.1.3 Totalreflexion

Wie die ◘ Abb. 10.5 zeigt, tritt eine Totalreflexion eines Lichtstrahls dann auf, wenn ein Lichtstrahl von einem optisch dichteren in ein optisch dünneres Medium übergeht und der Einfallswinkel einen bestimmten Betrag, den sogenannten *Grenzwinkel* der Totalreflexion, erreicht hat. Ein solcher Lichtstrahl wird *nicht mehr gebrochen*. Er läuft die Grenzfläche der beiden Medien entlang.

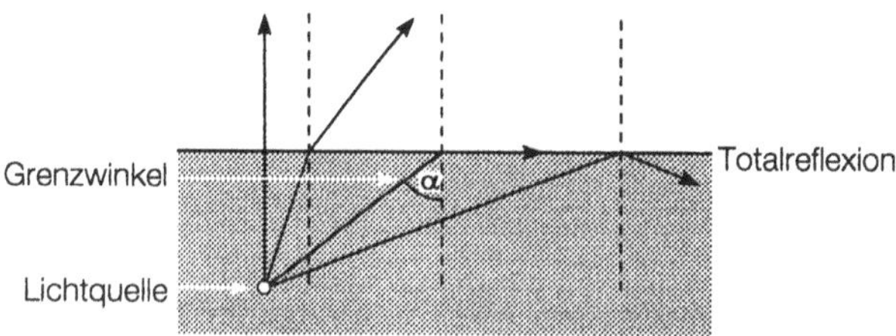

◘ **Abb. 10.5** Totalreflexion

Wird der Einfallswinkel noch grösser, wird der Lichtstrahl im optisch dichteren Medium reflektiert und verbleibt dort. Dieser Effekt wird für die Datenübertragung in Glasfaserkabeln ausgenutzt.

10.1.4 Der Brechungsindex

Der Brechungsindex (η) ist eine *Verhältniszahl*, die angibt, wievielmal kleiner die Lichtgeschwindigkeit in einem untersuchten Medium ist, als im luftleeren Raum. Je grösser die optische Dichte eines Mediums, desto mehr nimmt die Geschwindigkeit des Lichtes ab:

Lichtgeschwindigkeit im Vakuum = 300'000 km/s

Lichtgeschwindigkeit im Wasser = 225'000 km/s

Der Brechungsindex für Wasser beträgt:

$$\eta = \frac{300'000\,\text{km/s}}{225'000\,\text{km/s}} = 1{,}3333.$$

Der Brechungsindex lässt sich ebenfalls nach dem Brechungsgesetz berechnen:

$$\eta = \frac{\sin\alpha}{\sin\beta} = \frac{c_1}{c_2}$$

α = Einfallswinkel
β = Brechungswinkel
c_1 = Lichtgeschwindigkeit im Medium 1
c_2 = Lichtgeschwindigkeit im Medium 2

Der Brechungsindex ist eine *einheitslose Verhältniszahl*. Siehe ◻ Tab. 10.1.

Beim praktischen Arbeiten wird der Brechungsindex nicht berechnet, sondern mit dem Refraktometer aus Einfallswinkel und Brechungswinkel bestimmt.

◻ **Tab. 10.1** Schreibweise Brechungsindex

Schreibweise: Brechungsindex ➝ η

← Bei 20 °*C* gemessen

← Bezogen auf das Licht der Natrium D-Linie (589*nm*)

10.1.5 Lichtabhängigkeit

Sichtbares weisses Licht ist zusammengesetzt aus Lichtstrahlen von verschiedenen Wellenlängen. Siehe ◻ Tab. 10.2:

◻ **Tab. 10.2** Lichtfarben mit den entsprechenden Wellenlängen

Farbe des Lichts	Wellenlänge in Nanometer (nm)
rot	750–650
orange	650–580
gelb	580–570
grün	570–490
blau	490–460
violett	460–400

Die ◻ Abb. 10.6 zeigt, dass das langwellige rote Licht schwächer *gebrochen* wird als das kurzwellige violette Licht:

■ **Abb. 10.6** Lichtbrechung. (Mit freundlicher Genehmigung von Agilent Technologies (Schweiz) AG)

Weisses Licht eignet sich nicht zum Messen des Brechungsindexes, da es nicht in einen Punkt gebrochen wird.

Da der Brechungsindex von der Wellenlänge abhängt, einigte man sich auf Licht der Wellenlänge 589 nm. Dies entspricht dem gelb-orangen Licht von angeregten Natriumatomen, der so genannten *Natrium D-Linie*, welche bekannt ist durch die gelb-orange Flammenfärbung von Natriumsalzen. Heute ist in den meisten Refraktometern als Kompensator ein *Prismensystem* eingebaut. Es kann deshalb zur Messung weisses Licht verwendet werden.

10.1.6 Temperarturabhängigkeit

Stoffe dehnen sich beim Erwärmen aus. Dadurch verringert sich ihre optische Dichte. Dies beeinflusst den Brechungsindex. Er wird mit steigender Temperatur kleiner. Aus diesem Grunde ist der Brechungsindex, besonders der von Flüssigkeiten, stark temperaturabhängig. Zu jedem Brechungsindex gehört die Angabe der *Messtemperatur*, was normalerweise bei 20 °C ist.

10.1.7 Konzentrationsabhängigkeit

Der Brechungsindex von *Lösungen* verändert sich direkt proportional mit veränderter Konzentration. Mit Hilfe entsprechender Kalibrationen oder Tabellen können auf diese Weise direkt Konzentrationen von Lösungen ermittelt werden.

10.2 Refraktometer

Um die Refraktion zu bestimmen werden je nach Anwendungsgebiet sowohl analoge, als auch digitale, und automatische, als auch halbautomatische Refraktometer eingesetzt.

Beispiele:

- Handrefraktometer
- Tragbare Refraktometer
- Tischrefraktometer
- Prozessrefraktometer

Ein im organisch-chemischen Labor gebräuchliches Gerät ist das Abbe-Refraktometer.

10.3 Messen im durchfallenden Licht von klaren, farblosen Flüssigkeiten

Klare, farblose Flüssigkeiten werden im durchfallenden Licht gemessen.

Wie die ◘ Abb. 10.7 zeigt, wird der eintretende Lichtstrahl, je nach optischer Dichte der zu messenden Substanz, mehr oder weniger stark parallel verschoben und durch Drehen des Umlenkspiegels bis zum Erreichen der *Grenzlinie* ins Blickfeld des Okulars gebracht.

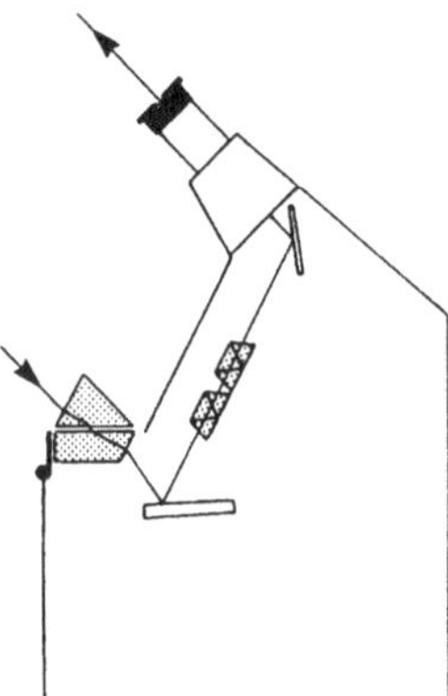

◘ **Abb. 10.7** Schema Abbe-Refraktometer für Durchlichtmessung

10.3.1 Vorbereitung

❯ Flüssigkeiten dürfen nur mit Kunststoffpipetten oder Teflonstäben auf das Prisma gelangen. Wird das Prisma beispielsweise durch eine Pasteurpipette verkratzt, wird es unbrauchbar.
  - Einstellen der Bestimmungstemperatur (normalerweise 20 °C) am Thermostat.
  - Den Refraktometer 30 Minuten thermostatisieren.
  - Reinigen der beiden sichtbaren Prismenflächen mit einem Wattebausch oder saugfähigem Papier und Ethanol.

10.3.2 Messen

- 2 bis 3 Tropfen der zu messenden Flüssigkeit mit einem Teflonstab (um das Verkratzen zu verhindern) gleichmässig auf der Prismenfläche verteilen.
- Bei leichtflüchtigen Stoffen so viel verwenden, dass die ganze Fläche bedeckt ist.
- Beleuchtungsprisma umklappen.
- Lampe auf Lichteintrittsöffnung richten.
- Fadenkreuz durch Schieben des Okulars scharf einstellen.
- Die mehr oder weniger farbige hell-dunkel Grenze durch Drehen am Triebknopf ins Blickfeld bringen.
- Durch Drehen am Kompensatorknopf eine scharfe hell-dunkel Grenzlinie einstellen (ist keine oder keine eindeutige Grenzlinie zu erkennen, wurde möglicherweise zu wenig Substanz aufgetragen). Siehe ◘ Abb. 10.8.
- Die scharf eingestellte hell-dunkel Grenzlinie durch Drehen am Triebknopf ins Fadenkreuz bringen. Siehe ◘ Abb. 10.9.

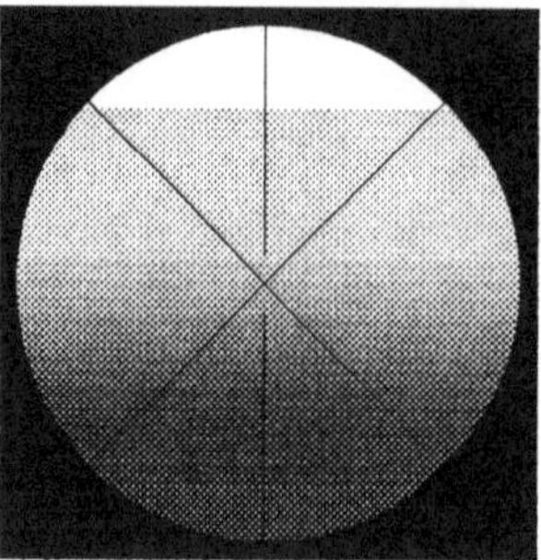

◘ Abb. 10.8 Unscharfe hell-dunkel Grenzlinie

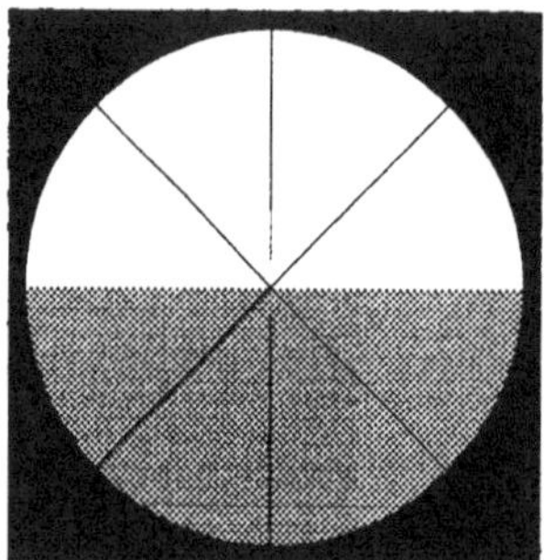

◘ Abb. 10.9 Scharfe hell-dunkel Grenzlinie

- Skalenbeleuchtung einschalten und auf der nun sichtbaren Skala oben den Brechungsindex ablesen. In diesem Beispiel: $\eta = 1{,}4606$.

Der Brechungsindex wird auf 4 Stellen nach dem Komma angegeben, wobei die vierte Dezimale geschätzt wird. Siehe ◘ Abb. 10.10.

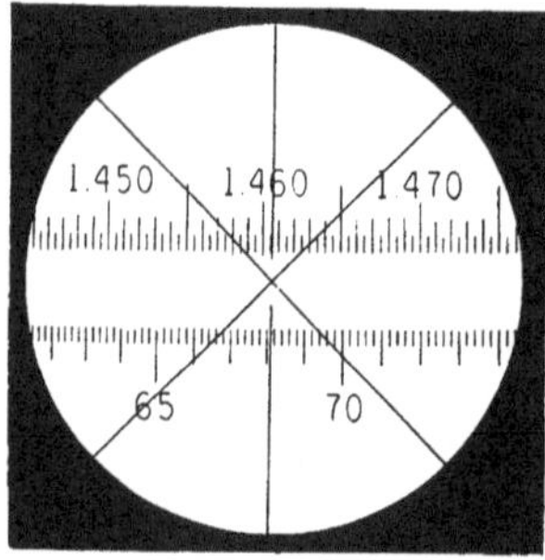

◘ Abb. 10.10 Skala mit dem Messwert 1,4606

Um den Massenanteil von Rohrzucker in Wasser zu bestimmen, wird direkt auf der unteren Skala abgelesen. In diesem Beispiel: 68,1 %.

10.3.3 Reinigen des Refraktometers

Prismenflächen mit einem trockenen Wattebausch oder saugfähigem Papier *abtupfen*, dann mehrere Male mit einem geeigneten Lösemittel nachreinigen. Das Lösemittel soll die Probe lösen und soll leichtflüchtig sein. Wurde eine Salz- oder eine Zuckerlösung aufgetropft, müssen die Prismen zuerst mit Wasser und anschliessend mit Ethanol gereinigt werden.

10.4 Messen im reflektierten Licht

10.4.1 Trübe oder stark gefärbte Flüssigkeiten werden im reflektierten Licht gemessen.

Bei Messungen im reflektierten Licht wird der Grenzwinkel der zu messenden Substanz bestimmt und durch Drehen des Umlenkspiegels im Blickfeld des Okulars sichtbar gemacht.

Wie die ◘ Abb. 10.11 zeigt, wird zum Messen im reflektierten Licht die Klappe am Messprisma umgelegt. Die Lichtquelle wird nun auf das sichtbare Messprisma gerichtet. Das Licht tritt von unten ein, wird an der von der Probe benetzten Fläche reflektiert und lässt im Okular wieder eine Grenze zwischen Hell und Dunkel erscheinen.

Das dunkle Feld ist bei der Messung im reflektierten Licht jetzt oberhalb des hellen Feldes, der Kontrast ist dabei nicht so auffällig. Der eigentliche Messvorgang bleibt derselbe wie bei Messungen im durchfallenden Licht.

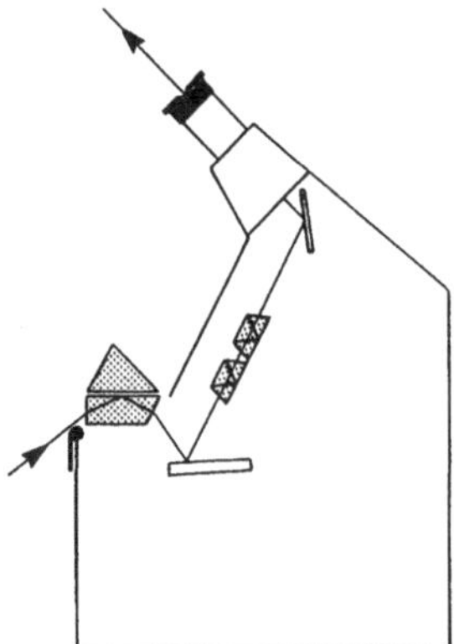

◘ **Abb. 10.11** Schema Abbe Refraktometer für Reflexionsmessung

10.4.2 Messen von festen Proben

Feste Stoffe werden im reflektierten Licht gemessen.

Für die Messung von festen Stoffen muss eine Fläche der Probe gut plangeschliffen und poliert sein.

Auf die polierte Fläche der Probe, oder auf eine Fläche des Messprismas, wird ein sehr kleiner Tropfen einer Flüssigkeit mit höherem Brechungsindex gebracht (beispielsweise Monobromnaphthalin mit Brechungsindex $\eta = 1{,}66$). Die polierte Fläche der Probe wird fest auf das Messprisma aufgesetzt. Der weitere Messvorgang ist gleich wie bei der Messung von Flüssigkeiten im reflektierten Licht.

10.5 Elektronische Refraktometer

Für Routineanalysen gibt es auf dem Markt sehr gute elektronische Refraktometer, welche die aktuelle Umgebungstemperatur bei der Messung einbeziehen. In der Regel funktionieren sie nach dem Prinzip der Totalreflektion. Ein Tropfen Messprobe muss lediglich auf eine Glasplatte aufgetragen werden.

10.6 Zusammenfassung

Nebst einer Übersicht über die physikalischen Grundlagen und der Anwendung in der Praxis gibt es eine Beschreibung über die Bestimmung der Refraktion und dem praktischen Vorgehen am Beispiel eines Abbe Refraktometers.

Weiterführende Literatur

Schwetlick K et al (2009) Organikum, 23. Aufl. Wiley-VCH, Weinheim

http://shop.anton-paar.com/ewr-de/measuring-instruments/abbemat-200-automatic-refractometer/abbemat-200.html?gclid=CPajwsSVj8UCFerjwgodSxkAhQ, aufgerufen am 24.4.2015

http://ch.mt.com/ch/de/home/products/Laboratory_Analytics_Browse/Refractometry_Family_Browse_main.html?cmp=sea_04010206&bookedkeyword=%2Brefraktometer&matchtype=b&adtext=59693532985&placement=&network=s, aufgerufen am 24.4.2015

pH-Messen

© Springer International Publishing Switzerland 2017
aprentas (Hrsg.), *Laborpraxis Band 2: Messmethoden*, DOI 10.1007/978-3-0348-0968-9_11

Der pH-Wert ist eine Masszahl für den sauren respektive den basischen Charakter von *wässrigen Lösungen*. Er ist der negative dekadische Logarithmus der Stoffmengenkonzentration an *Oxoniumionen* (auch Hydroxonium- oder Hydroniumion) in Wasser $c(H_3O^+)$

$$pH = -\log c(H_3O^+).$$

Beispiele für die pH-Abhängigkeit:
- Funktionsfähigkeit des Blutes (Pufferung)
- Ablauf enzymatischer Reaktionen
- Wachstum von Mikroorganismen (Bakterienkulturen, Fermentationsbrühen)
- Pflanzenwachstum
- Stabilität chemisch-pharmazeutischer Präparate
- Geschwindigkeit chemischer Reaktionen
- Textilveredlung
- Qualität der Abwasserreinigung

11.1 Theoretische Grundlagen

11.1.1 Wasser

Chemisch reines Wasser ist beinahe ein *Isolator* für den *elektrischen Strom*. Es leitet kaum Strom und hat demnach einen grossen Widerstand. Aufgrund empfindlicher Messmethoden ist jedoch eine minimale elektrische Leitfähigkeit feststellbar. Was bedeutet, dass auch reinstes Wasser eine geringe Menge freier Ionen enthält, welche elektrischen Strom leiten. Diese entstehen durch die *Autoprotolyse* von Wasser:

❯ $H_2O + H_2O \leftrightharpoons H_3O^+ + OH^-.$

Aus dieser Gleichung ist ersichtlich, dass gleich viele *Oxoniumionen* (H_3O^+) wie *Hydroxidionen* (OH^-) in einem Gleichgewichtszustand vorhanden sind. Das Gleichgewicht liegt dabei vorwiegend auf der Seite der Wassermoleküle. Von 556 Millionen Wassermolekülen liegt bei Raumtemperatur nur *ein* Molekül in Ionenform vor.

In der Praxis verwendet man für dieses Verhältnis die Konzentrationsbezeichnung

❯ $c(H_3O^+) = 1 \cdot 10^{-7}$ mol/L **Wasser oder** $c(OH^-) = 1 \cdot 10^{-7}$ mol/L **Wasser.**

Diese Angaben beziehen sich auf eine *Wassertemperatur* von 22 °C. Das Gleichgewicht wird durch Temperaturänderung beeinflusst, was in der Praxis oft nicht berücksichtigt werden muss.

11.2 Säuren und Basen

11.2.1 Theorie nach Brønsted

Säuren

Säuren sind Ionen oder Moleküle, sogenannte *Protonendonatoren*, die Protonen (H^+) abspalten können, wie das Beispiel in ◙ Abb. 11.1 zeigt.

Beispiele:

❱ HCl, H_2SO_4, CH_3COOH, H_3O^+, NH_4^+, H_2O

Freie Protonen sind in wässriger Lösung nicht existenzfähig, sie lagern sich sofort an Wassermoleküle an und bilden Oxoniumionen wie das folgende Beispiel zeigt.

$$Cl{-}H \;+\; O\!\!\begin{smallmatrix}H\\[2pt]H\end{smallmatrix} \;\rightleftharpoons\; Cl^- \;+\; H{-}O\!\!\begin{smallmatrix}H^+\\[2pt]H\end{smallmatrix}$$

◙ **Abb. 11.1** Reaktion von Chlorwasserstoff mit Wasser

Basen

Basen sind Ionen oder Moleküle, sogenannte *Protonenakzeptoren*, die Protonen binden können, wie das Beispiel in ◙ Abb. 11.2 zeigt.

Beispiele:

❱ Cl^-, SO_4^{2-}, CH_3COO^-, H_2O, NH_3, OH^-

Die entstehenden Hydroxidionen bleiben in Wasser gelöst.

$$H{-}N\!\!\begin{smallmatrix}H\\[2pt]H\end{smallmatrix} \;+\; O\!\!\begin{smallmatrix}H\\[2pt]H\end{smallmatrix} \;\rightleftharpoons\; \begin{smallmatrix}H\\[2pt]H\end{smallmatrix}\!\!N\!\!\begin{smallmatrix}H^+\\[2pt]H\end{smallmatrix} \;+\; \overline{|O}{-}H^-$$

◙ **Abb. 11.2** Reaktion von Ammoniak mit Wasser

Wie aus den erwähnten Beispielen ersichtlich ist, kann Wasser sowohl als Säure wie auch als Base auftreten. Stoffe, welche sowohl als Säure, als auch als Base fungieren, nennt man *Ampholyte*.

11.2.2 Protolyse

Die Abgabe eines Protons durch eine Säure ist immer mit seiner Aufnahme durch eine Base gekoppelt, wie die ◙ Abb. 11.3 zeigt. Es wird also immer ein Proton von einer Säure auf eine Base übertragen. Dieser Reaktionstyp wird als *Protolyse* bezeichnet.

Das bei der Protolyse von Chlorwasserstoff gebildete Chloridion (Cl^-) ist nach Brønsted eine Base, da es unter Aufnahme eines Protons wieder in Chlorwasserstoff übergehen kann. Das Chloridion bezeichnet deshalb die zu Chlorwasserstoff *konjugierte* respektive zugehörige Base.

Beispiel:

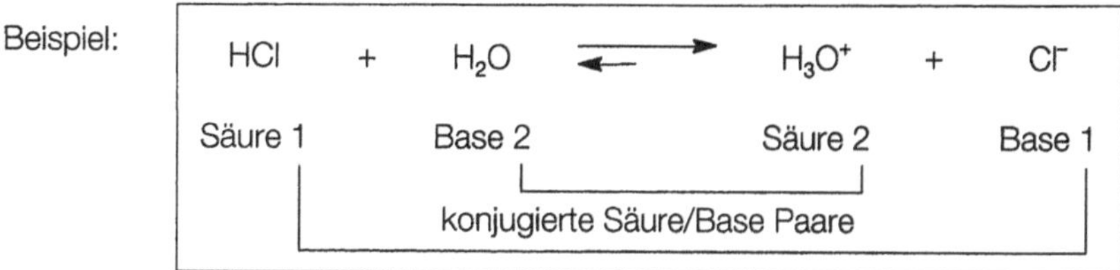

Abb. 11.3 Beispiel eines konjugierten Säure-Basen-Paares

Säure-Basen-Paare unterscheiden sich von ihrer konjugierten Form nur durch die Verschiebung des Protons von einem zum anderen.

11.2.3 Stärken von Säuren und Basen

Die Stärke einer Säure oder Base bezieht sich auf den Protolysegrad in wässriger Lösung und ist nicht zu verwechseln mit der Säuren- beziehungsweise Basenkonzentration.

> **Starke Säuren und starke Basen**

Lösungen von starken Säuren und starken Basen sind praktisch vollständig in Ionen protolysiert. Der Protolysegrad α beträgt in diesem Fall $\approx 1{,}0$.

Das Protolysegleichgewicht liegt bei stark verdünnten wässrigen Lösungen fast vollständig auf der Seite der Ionen, wie man in Abb. 11.4 und 11.5 sehen kann.

Beispiele für starke Säuren:

$$HCl + H_2O \rightleftharpoons H_3O^+ + Cl^-$$

$$H_2SO_4 + 2\,H_2O \rightleftharpoons 2\,H_3O^+ + SO_4^{2-}$$

$$HNO_3 + H_2O \rightleftharpoons H_3O^+ + NO_3^-$$

Abb. 11.4 Beispiele für die Reaktion von starken Säuren in Wasser

Beispiele für starke Basen:

$$NaOH + H_2O \rightleftharpoons Na^+ + OH^-$$

$$Ba(OH)_2 + H_2O \rightleftharpoons Ba_2^+ + 2\,OH^-$$

Abb. 11.5 Beispiele für die Reaktion von starken Basen in Wasser

> **Schwache Säuren und schwache Basen**

Bei Lösungen von schwachen Säuren und schwachen Basen liegen weniger als ein Prozent der Moleküle in Ionenform vor (Protolysegrad $\alpha < 0{,}01$). Das Protolysegleichgewicht liegt fast vollständig auf der Seite der unveränderten Säure repsketive Base, wie man in  Abb. 11.6 und 11.7 sehen kann.

Beispiele für schwache Säuren:

$$CH_3COOH \quad + \quad H_2O \quad \rightleftharpoons \quad H_3O^+ \quad + \quad CH_3COO^-$$

$$H_2CO_3 \quad + \quad 2\,H_2O \rightleftharpoons 2\,H_3O^+ + \quad CO_3^{2-}$$

◘ **Abb. 11.6** Beispiele für die Reaktion von schwachen Säuren in Wasser

Beispiele für schwache Basen:

$$NH_3 \quad + \quad H_2O \quad \rightleftharpoons \quad NH_4^+ \quad + \quad OH^-$$

$$Zn(OH)_2 \quad + \quad H_2O \quad \rightleftharpoons \quad Zn_2^+ \quad + \quad 2\,OH^-$$

◘ **Abb. 11.7** Beispiele für die Reaktion von schwachen Basen in Wasser

11.3 Der pH-Wert

❯ **Der pH-Wert einer wässrigen Lösung ist die Masszahl für den negativen dekadischen Logarithmus der Konzentration an Oxoniumionen.**

In Wasser liegen Oxonium- und Hydroxidionen in einem Gleichgewicht vor. Chemisch reines Wasser von 22 °C enthält eine Stoffmengenkonzentration c von $1 \cdot 10^{-7}$ mol/L Oxoniumionen und $1 \cdot 10^{-7}$ mol/L Hydroxidionen. Die Massenkonzentration β an Oxoniumionen beträgt 0,0000019 g/L und die Konzentration der Hydroxidionen 0,0000017 g/L.

> Das Produkt der Stoffmengenkonzentrationen an Oxonium- und der Hydroxidionen ist bei gleichbleibender Temperatur konstant und beträgt bei 22 °C $1 \cdot 10^{-14}$ mol^2/L^2.
>
> $$K_w = c(H_3O^+) \cdot c(OH^-) = (10^{-7}\ \text{mol/L})^2 = 10^{-14}\ \text{mol}^2/\text{L}^2$$

Wird bei gleicher Temperatur die Konzentration der einen Komponente (beispielsweise Oxoniumionen) erhöht, verringert sich die Konzentration der andern Komponente (beispielsweise Hydroxidionen) entsprechend. Dieses Gleichgewicht ist nicht nur in reinem Wasser sondern in allen wässrigen Lösungen vorhanden.

> In *sauren Lösungen* überwiegt die Konzentration an Oxoniumionen, in *basischen Lösungen* die Konzentration an Hydroxidionen.

Durch das Angeben einer dieser Konzentrationen lässt sich der Charakter einer verdünnten, wässrigen Lösung eindeutig bezeichnen. Dazu dient in der Praxis die Oxoniumionen-Konzentration.

Statt von einer Oxoniumionen-Konzentration von $1 \cdot 10^{-7}$ mol/Liter spricht man gewöhnlich von einem pH-Wert von 7.

$$pH = -\log c\,(H_3O^+)$$

Da in diesem Fall die Konzentration an Hydroxidionen ebenfalls $1 \cdot 10^{-7}$ mol/L beträgt, bezeichnet man diesen Punkt als den *Neutralpunkt*, das heisst, die Lösung ist neutral.

Beispiel: Ein Liter einer bestimmten Säure enthält $1 \cdot 10^{-2}$ mol Oxoniumionen

$$-\log 1 \cdot 10^{-2} = pH\,2.$$

In diesem Beispiel muss der Gehalt an Hydroxidionen $1 \cdot 10^{-12}$ mol betragen, weil das Produkt der Konzentrationen von Oxoniumionen und Hydroxidionen den konstanten Wert von $1 \cdot 10^{-14}$ mol^2/L^2 hat.

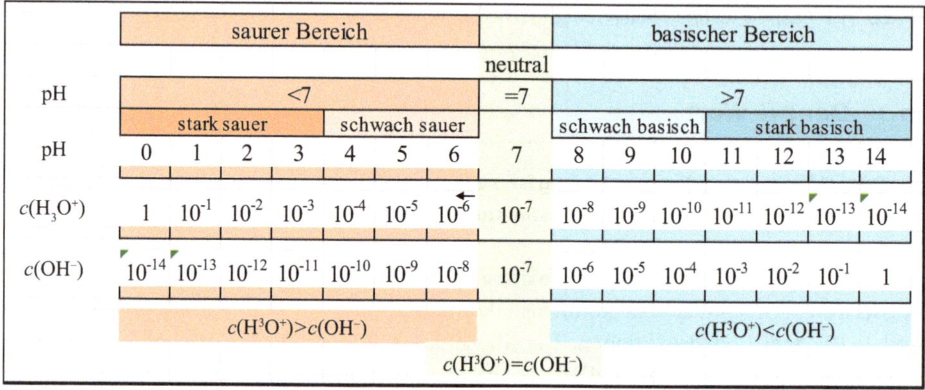

◘ Abb. 11.8 pH-Skala

11.3.1 Mass-System

Damit verschiedene Lösungen in Bezug auf ihre Säurewirkung verglichen werden können, ist ein Mass-System wie in der ◘ Tab. 11.1 nötig. Die Säurestärke, das heisst die Acidität einer Lösung, entspricht der Konzentration an Oxoniumionen. Je grösser die Oxoniumionen-Konzentration ist, desto grösser ist auch die Acidität.

◘ Tab. 11.1 Aciditätstabelle

Äquivalentkonzentration c(eq)	Oxoniumionen-Konzentration c(H$_3$O$^+$) bei vollständiger Protolyse in mol/L	pH ($-\log c$(H$_3$O$^+$) mol/L)	pOH
1,0 mol/L Säure	$1 \cdot 10^{0}$	0	14
0,5 mol/L Säure	$5 \cdot 10^{-1}$	0,3	13,7
0,1 mol/L Säure	$1 \cdot 10^{-1}$	1	13
0,01 mol/L Säure	$1 \cdot 10^{-2}$	2	12
...	...	...	...

Tab. 11.1 (*Fortsetzung*) Aciditätstabelle

Äquivalentkonzentration c(eq)	Oxoniumionen-Konzentration $c(H_3O^+)$ bei vollständiger Protolyse in mol/L	pH ($-$Log $c(H_3O^+)$ mol/L)	pOH
Neutralpunkt	$1 \cdot 10^{-7}$	7	7
...	...	...	...
0,01 mol/L Base	$1 \cdot 10^{-12}$	12	2
0,1 mol/L Base	$1 \cdot 10^{-13}$	13	1
0,5 mol/L Base	$2 \cdot 10^{-14}$	13,7	0,3
1,0 mol/L Base	$1 \cdot 10^{-14}$	14	0

Die Protolyse – und damit der pH-Wert – ist temperaturabhängig; je höher die Temperatur, desto stärker die Protolyse.

Die in der Tabelle dargestellten Beispiele gelten nur bei vollständiger Protolyse von verdünnten Lösungen mit einer Konzentration von maximal 1 mol/L Oxonium- respektive Hydroxidionen. Dies ergibt einen Skalenbereich von 0 bis 14.

11.4 Puffer

Eine Lösung, die einen bestimmten pH-Wert auch bei Zugabe von relativ kleinen Mengen Säure oder Base nahezu beibehält, wird als Puffer bezeichnet. Die Kapazität einer Pufferlösung ist beschränkt. Wird die Lösung verdünnt, verringert sich die *Pufferkapazität*, der pH-Wert bleibt jedoch konstant. Je grösser die Pufferkapazität ist, umso mehr Säure oder Base kann zugegeben werden, bevor sich der pH-Wert der Lösung verändert.

In der Praxis kommen viele verschiedenartige Puffersysteme zu Anwendung. Oft bestehen sie aus einer schwachen Säure und ihrem Alkalisalz, oder aus einer schwachen Base und ihrem Salz.

Beispiele:

- Essigsäure/Natriumacetat
- Zitronensäure/Natriumcitrat
- Ammoniumhydroxid/Ammoniumchlorid

Pufferlösungen werden zum Beispiel beim Justieren und beim Kontrollieren von pH-Messgeräten verwendet. Eine grosse Zahl von chemischen und biologischen Reaktionen findet nur bei einem bestimmten pH-Wert oder innerhalb eines engen pH-Bereiches statt. Im Labor werden Reaktionen dieser Art mit Hilfe von Pufferlösungen durchgeführt.

11.4.1 Wirkungsweise eines Puffers

Nachfolgend wird die Wirkungsweise einer Pufferlösung am Beispiel des Natriumacetatpuffers pH 4,75 aufgezeigt.

Zusammensetzung   0,1 mol Essigsäure (CH_3COOH) und 0,1 mol Natriumacetat (CH_3COONa) pro Liter

$$CH_3COOH + H_2O \rightleftharpoons CH_3COO^- + H_3O^+$$

$$CH_3COONa + H_2O \rightleftharpoons CH_3COO^- + Na^+$$

◻ **Abb. 11.9** Acetatpuffersystem

Zugabe von Säure   10 mL Salzsäure mit $c(HCl) = 1,0$ mol/L enthalten 0,01 mol Oxoniumionen (H_3O^+).

Gibt man diese Menge Salzsäure zu 990 mL einer nicht gepufferten Lösung, beispielsweise zu neutraler, wässriger Kochsalzlösung, so beträgt die H_3O^+-Konzentration 0,01 mol/L, was den pH-Wert 2 ergibt, da die zugesetzten Oxoniumionen von keiner Base gebunden werden.

Gibt man diese Menge Salzsäure jedoch zu 990 mL Natriumacetatpuffer mit einem pH von 4,75 (0,1 mol Essigsäure und 0,1 mol Natriumacetat pro Liter), so ergibt sich ein pH-Wert von 4,67.

Die Oxoniumionen der Salzsäure reagieren praktisch vollständig mit den, als starke Brønsted-Base bezeichneten, Acetationen und bilden Essigsäuremoleküle:

$$H_3O^+ + CH_3COO^- \rightleftharpoons CH_3COOH + H_2O$$

◻ **Abb. 11.10** Reaktion eines Oxoniumions mit Acetat

Werden 10 mL Salzsäure mit $c(HCl) = 1,0$ mol/L zugegeben hat sich die Konzentration der Acetationen um 0,01 mol auf 0,09 mol/L erniedrigt und die der Essigsäuremoleküle um 0,01 mol auf 0,11 mol/L erhöht.

Der pH-Wert des Natriumacetatpuffers hat sich lediglich um 0,08 Einheiten verändert.

Zugabe von Base   10 mL einer Natronlauge $c(NaOH) = 1,0$ mol/L enthalten 0,01 mol Hydroxidionen (OH^-).

Gibt man diese Menge Natronlauge zu 990 mL ungepufferter Lösung, beispielsweise zu neutraler, wässriger Kochsalzlösung, so ist der pH-Wert 12, da die zugesetzten Hydroxidionen von keiner Säure gebunden werden.

Gibt man diese Menge Natronlauge jedoch zu 990 mL Natriumacetatpuffer mit einem pH von 4,75 (0,1 mol Essigsäure und 0,1 mol Natriumacetat pro Liter), so ergibt sich ein pH-Wert von 4,84.

Die zugesetzten Hydroxidionen werden durch die im Puffer enthaltene Essigsäure neutralisiert und bilden Acetationen:

$$OH^- + CH_3COOH \rightleftharpoons CH_3COO^- + H_2O$$

◻ **Abb. 11.11** Reaktion eines Hydroxidions mit Essigsäure

Die Konzentration der Essigsäuremoleküle hat sich um 0,01 mol auf 0,09 mol/L erniedrigt und die der Acetationen hat sich um 0,01 mol auf 0,11 mol/L erhöht. Der pH-Wert des Natriumacetatpuffers hat sich um 0,09 Einheiten verändert.

11.5 Visuelle pH-Messung

11.5.1 Messen mit Indikatoren

Chemische Indikatoren dienen zur *visuellen* pH-Messung. Dies sind schwach saure oder schwach basische Farbstoffe, welche bei einem bestimmten pH-Wert ihre Farbe ändern. Aufgrund dieses Farbumschlags lässt sich der pH-Wert beziehungsweise der Endpunkt einer Massanalyse oder einer Reaktion bestimmen. Bei farbigen Lösungen ist die Messung problematisch, da die Umschlagsfarben manchmal nicht erkennbar sind oder verfälscht werden.

Indikatorlösungen

Spielt bei der Messung die Verunreinigung der Substanz durch den Indikator keine Rolle, so kann der zu bestimmenden Lösung beispielsweise bei Titrationen einige Tropfen einer stark verdünnten Indikatorlösung zugegeben werden.

Indikatorpapiere/-stäbchen

Oft ist das Zugeben von Indikatorlösung jedoch unerwünscht, da dadurch die Substanz angefärbt wird. In diesem Fall verwendet man mit Indikator imprägnierte Filterpapiere oder Stäbchen, auf welche die zu bestimmende Substanzlösung aufgetropft wird. Das Papier kann auch mit mehreren Indikatoren imprägniert sein. Diese sogenannten Universalindikatorpapiere ermöglichen Bestimmungen mit einer Genauigkeit von bis zu ±0,1 pH-Einheiten über den ganzen Bereich mit Hilfe einer Vergleichsskala. Die Anzeige erfolgt nur im wässrigen Medium korrekt.

> **Das Messen des pH-Wertes von nichtwässrigen Lösungen sowie von Dämpfen oder Gasen lässt sich mit Indikatorpapier nur durchführen, wenn dieses vorgängig mit Wasser angefeuchtet wurde.**

Die pH-Papiere oder Stäbchen sind Trocken und vor Dämpfen, Gasen und Licht geschützt aufzubewahren.

11.6 Elektrometrische Messung

Die elektrometrische pH-Messung wird angewendet
- für Messungen, die präzise sein müssen,
- bei kontinuierlichen pH-Messungen,
- bei Messungen gefärbter oder trüber Lösungen oder Suspensionen,
- bei Lösungen, die Indikatoren zerstören,
- wenn ein pH-Verlauf aufgezeichnet werden soll.

11.6.1 Messkette

Wie die ◨ Abb. 11.12 zeigt, benötigt man zur elektrometrischen Bestimmung erstens eine Indikator- beziehungsweise *Messelektrode* (zum Beispiel eine Glaselektrode), zweitens eine Vergleichs- beziehungsweise *Bezugselektrode* (zum Beispiel eine Silber-/Silberchloridelektrode) und drittens ein Voltmeter als *Messverstärker*.

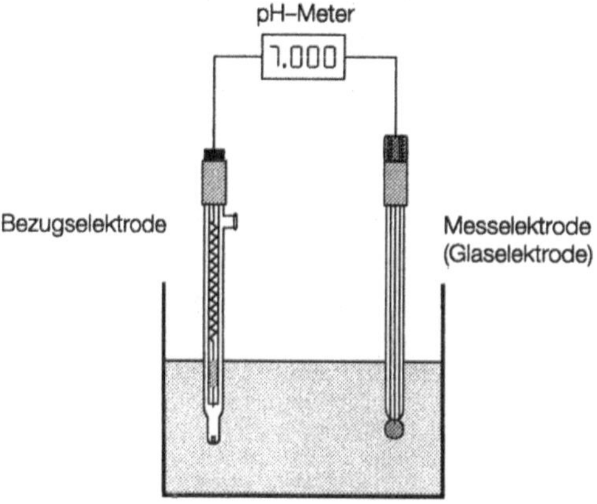

◘ Abb. 11.12 Grundsätzliches Messprinzip mit Bezugs- und Messelektrode

Die Bezugselektrode bildet ein *konstantes Potential.*

Die Messelektrode erzeugt zusammen mit der Messlösung ebenfalls ein *Potential*, welches bei wässrigen Lösungen von der *Oxoniumionen-Konzentration abhängig* ist. Die dadurch entstehende Potentialdifferenz erzeugt eine Spannung. Sie wird in Millivolt gemessen, elektronisch verarbeitet und auf dem Gerät in mV oder pH angezeigt.

Mit zwei Elektroden zu messen hat sich in der Praxis als unhandlich herausgestellt. Deshalb sind heutzutage meist nur noch die kombinierten Elektroden im Handel erhältlich.

11.6.2 Kombinierte Glaselektrode

Zur elektrometrischen pH-Messung in wässrigen Lösungen benützt man eine Einstabmesskette, welche meist *kombinierte Glaselektrode* genannt wird.

◘ Abb. 11.13 zeigt eine Einstabmesskette. Sie besteht aus einem inneren Rohr und einem äusseren Mantel.

Das innere Rohr enthält das *Messelektrodensystem* bestehend aus einer Ableitelektrode, mit einer Puffer-Bezugslösung und der Glasmembrane.

Der äussere Mantel enthält das *Bezugselektrodensystem* bestehend aus einem Silberdraht, Silberchlorid und einer Elektrolytlösung.

Das Diaphragma der Bezugselektrode sowie die Glasmembrane der Messelektrode müssen in die zu messende Lösung eingetaucht sein.

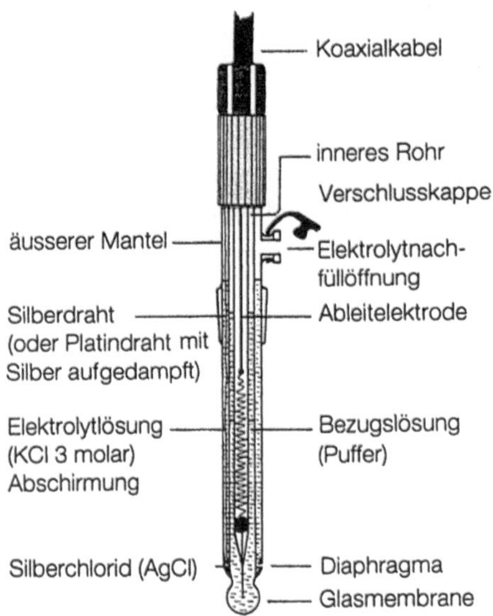

□ **Abb. 11.13** Schema einer kombinierten Glaselektrode als Beispiel einer Einstabmesskette

Funktionsweise von Glaselektroden

Das Kernstück einer pH-Elektrode ist die aus pH-sensitivem Glas bestehende Membrane. Diese Glasmembrane ist undurchlässig und besitzt einen sehr hohen elektrischen Widerstand. In Wechselwirkung mit Feuchtigkeit oder Wasser bildet diese Glasmembrane an der Oberfläche eine dünne, unsichtbare, wasserhaltige Quellschicht. In diese Quellschicht können H^+-Ionen eindringen. Andere Ionen können sich dort aufgrund ihres grösseren Durchmessers nicht aufhalten. Die *Quellschicht* kann somit als *H^+-Ionen selektiv* bezeichnet werden.

Wird die Elektrode in eine wässrige Messlösung gestellt, verändert sich die H^+-Ionenkonzentration der Glasmembrane im Inneren der Elektrode nicht, da diese mit einer pH-konstanten Lösung gefüllt ist.

□ Abb. 11.14 zeigt auf der äusseren Quellschicht der Membrane auftretende pH-abhängige Veränderungen in der H^+-Ionenkonzentration.

Die Glaselektrode erzeugt somit durch die Differenz dieser beiden H^+-Konzentrationsunterschiede eine elektrische Spannung, die durch das Ableitsystem im Inneren der Glaselektrode und durch die Bezugselektrode, welche in diesem Fall nur als Ableitelektrode dient, an den Messverstärker geleitet wird.

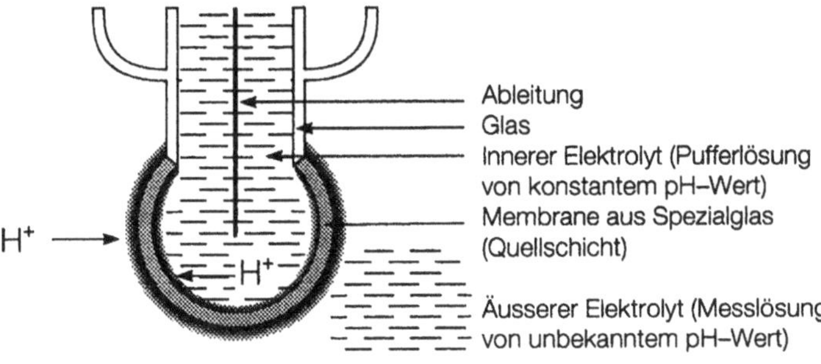

□ **Abb. 11.14** Illustration der Quellschicht

Im sauren pH-Bereich enthalten Lösungen einen relativ hohen Anteil an H_3O^+-Ionen. Diese können H^+-Ionen in die äussere Quellschicht der Glasmembrane diffundieren. Durch die erhöhte Konzentration an H^+-Ionen steigt die elektrische Spannung in der Membrane in Richtung positiverem Potential an.

Im alkalischen pH-Bereich hat die relativ geringe H_3O^+-Ionenkonzentration in der Messlösung eine Verminderung der H^+-Ionenkonzentration in der Quellschicht der Glasmembrane zur Folge. Dies führt zu einer Verschiebung des Potentials in negative Richtung und zu hohem pH-Wert.

Die so an einer Glaselektrode entstehenden Spannungen bewegen sich im Bereich zwischen -400 und $+400\,$mV.

Elektrodensteilheit

Die Elektrodensteilheit ist ein Mass für die Empfindlichkeit der Messelektrode und entspricht der Spannungsänderung bei der Messung einer Pufferreihe in mV oder pH. Weicht diese vom theoretischen Wert der gemessenen Pufferlösung ab, so wird das Messgerät mit der Steilheitseinstellung angepasst.

Pflege der Elektroden

- Kombinierte Glaselektrode in Kaliumchloridlösung $c(KCl) = 3\,$mol/L und mit aufgesetzter Verschlusskappe aufbewahren.
- Neue oder längere Zeit trocken aufbewahrte kombinierte Glaselektroden in Kaliumchloridlösung $c(KCl) = 3\,$mol/L einige Stunden quellen lassen.
- Der äussere Mantel mit dem Bezugselektrodensystem muss mit Kaliumchloridlösung $c(KCl) = 3\,$mol/L gefüllt sein.
- Nach jeder Messung die Elektrode mit deionisiertem Wasser gut spülen. Fest haftende Substanzen mit einem geeigneten Lösemittel, das nicht wasserentziehend sein darf, entfernen. Wenn es nicht anders geht kann die Elektrode mit einem feuchten Filterpapier leicht abgetupft werden wobei nie gerieben werden soll.

Hinweis: Die häufigste Ursache eines Versagens kombinierter Elektroden ist ein verstopftes Diaphragma: → reinigen, eventuell leicht schmirgeln.
- Stecker vor Verschmutzung und Korrosion schützen.

11.6.3 Spezielle Elektroden

Bei extremen Bedingungen wie hohen pH-Werten, Temperaturen oder Drücken, können Messfehler auftreten. Elektroden müssen in ihrem Aufbau solchen Bedingungen angepasst sein. Je nach Messbedingungen werden deshalb verschiedene pH-Elektrodentypen eingesetzt. Sie müssen teilweise auch chemischen, biologischen, räumlichen oder mechanischen Gegebenheiten entsprechend konstruiert sein.

11.6.4 Praktische Hinweise zum pH messen mit kombinierten Glaselektroden

Nach dem Einschalten des Geräts muss überprüft werden, ob die richtige Elektrode angeschlossen ist und ob die ganze Messkette funktioniert. Zuerst muss die Elektrode mit einer Pufferlösung von pH 7,0 justiert werden. Mit einer weiteren Pufferlösung beispielsweise mit einem Kontrollpuffer pH 4,0 oder pH 10,0, deren pH-Wert nahe beim erwarteten Bereich der zu messenden Probelösung liegt, wird die Anzeige des Geräts der Elektrodensteilheit angepasst.

> **Verbindungen (Schreiber, Titrierautomat und so weiter) nur ein- oder ausstecken, wenn der pH-Meter ausgeschaltet ist!**

Ein Ablaufschema für die *Justierung* einer kombinierten Glaselektrode:
- Elektroden-Verschlusskappe öffnen.
- Den Stand der Kaliumchloridlösung $c(KCl) = 3\,mol/L$ überprüfen und gegebenenfalls füllen.
- Elektrode mit deionisiertem Wasser abspülen.
- Gespülte Elektrode in Puffer pH 7,0 eintauchen.
- Steilheit auf 1,0 einstellen.
- Temperatureinstellung auf die aktuelle Temperatur der Pufferlösung stellen.
- Ziffernanzeige mit Gegenspannung auf pH 7,0 einstellen.
- Elektrode mit deionisiertem Wasser abspülen.
- Gespülte Elektrode in Kontrollpuffer beispielsweise bei pH 4,0 eintauchen.
- Abweichungen vom Pufferwert mit dem Steilheitsknopf korrigieren (Elektroden, bei denen die Steilheit unter 0,95 ist, nicht mehr verwenden).
- Zur Kontrolle kann der pH-Wert 7 nochmals bestätigt werden.
- Verwendete Pufferlösungen werden nach Gebrauch verworfen.
- Elektrode mit deionisiertem Wasser abspülen.
- Nach durchgeführter Justierung darf die Gegenspannung bis zur nächsten Justierung nicht mehr verstellt werden.

> Die Quellschicht darf nur mit entmineralisiertem Wasser abgespült werden.
> Eine mechanische Behandlung der Quellschicht beispielsweise durch Abreiben mit Papier *zerstört* die Quellschicht.

Messen
- Eventuell Temperatureinstellung auf die aktuelle Temperatur des Musters stellen
- Gespülte Elektrode in die Messlösung eintauchen
- Das Muster messen
- pH-Wert ablesen
- Elektrode mit deionisiertem Wasser abspülen
- Nach dem Schliessen der Verschlusskappe in die Aufbewahrungsflüssigkeit stellen.

> **Die Quellschicht muss immer in einer speziellen Aufbewahrungsflüssigkeit, meist ist das Kaliumchloridlösung $c(KCl) = 3\,mol/L$, aufbewahrt sein.**

11.6.5 Fehlersuche bei Messkette oder Gerät

Verschiedene beobachtbare Fehler, deren mögliche Ursachen, sowie Massnahmen zur Behebung des Problems sind in den ◘ Tab. 11.2 und 11.3 zu finden.

◘ **Tab. 11.2** Fehlersuche, wenn sich der pH oder die Steilheit nicht einstellen lässt

Beobachteter Fehler	Mögliche Ursache	Massnahmen
Bei der Nacheichung mit Pufferlösung muss die Gegenspannung stark verstellt werden.	An der Messkette ist eine anormale Potentialänderung aufgetreten.	Gerät mit dem pH-Simulator oder anderer Elektrode prüfen. Falls Gerät in Ordnung: Elektrode auswechseln.
Bei der Einstellung der Steilheit treten Einstellwerte unter 0,95 auf.	An der Messkette ist eine anormale Potentialänderung aufgetreten.	Gerät mit dem pH-Simulator oder anderer Elektrode prüfen. Falls Gerät in Ordnung: Elektrode auswechseln.

◘ **Tab. 11.3** Fehlersuche, wenn sich die Anzeige von selbst verstellt oder wenn sie unmögliche Werte anzeigt

Beobachteter Fehler	Mögliche Ursache	Massnahmen
Anzeige „wandert"	Wenn Funktionsschalter auf Mess-Stellung: Unterbruch in der Eingangsleitung.	Elektrodenkabel, Elektrodenstecker, Kontakte Stecker/Buchse und Adapterhülse kontrollieren.
	Wenn Funktionsschalter auf „stand by": Unterbruch im Gerät.	Gerät zur Reparatur.
Grosse Wertänderungen	Abschirmung oder Erdung unterbrochen.	Abschirmung und Erdung überprüfen.
	Elektrolytlösung in der Bezugselektrode ausgelaufen.	Elektrolytlösung nachfüllen.
	Bezugselektrodendiaphragma verstopft.	Diaphragma reinigen.

11.7 Zusammenfassung

Dieses Kapitel zeigt eine Übersicht über die Theorie über die chemischen Vorgänge in wässrigen Lösungen im Zusammenhang mit Säuren oder mit Basen. Eine Erklärung zur Definition und Berechnung des pH-Wertes wird geliefert, sowie verschiedene Möglichkeiten zur Messung des pH-Wertes erläutert.

Weiterführende Literatur

Weiterführende Literatur bieten:

Mortimer C, Müller U (2014) Chemie, das Basiswissen der Chemie. Thieme, Stuttgart
Jander G, Jahr KF (2009) Massanalyse, 17. Aufl. Walter de Gruyter, Berlin

Im Internet:

http://www.metrohm.ch/, aufgerufen am 23.4.2015
https://www.carlroth.com/de/de/Laborbedarf/Messger%C3%A4te/pH-Papiere/Universal-Indikatorpapier-pH-
    1-11-und-pH-1-14/p/00000000000113700050023_de, aufgerufen am 23.4.2015

Serviceteil

© Springer International Publishing Switzerland 2017
aprentas (Hrsg.), *Laborpraxis Band 2: Messmethoden*, DOI 10.1007/978-3-0348-0968-9

Nachwort zur 6. Auflage

aprentas ist der führende Ausbildungsverbund für Grund- und Weiterbildung für naturwissenschaftliche, technische und kaufmännische Berufe. Das Bildungsangebot sichert langfristig den Berufsnachwuchs der Kunden und unterstützt sie in der Weiterbildung ihrer Mitarbeiterinnen und Mitarbeiter.

Die Stärken von aprentas sind die gezielte Verbindung von Theorie und Praxis in Schule und praktischer Grundausbildung sowie die Zusammenarbeit mit den Lehrbetrieben. Das qualitativ hochstehende Angebot ist auf die Bedürfnisse und Erwartungen der Kunden sowie weiterer Anspruchsgruppen abgestimmt. Die partnerschaftliche Zusammenarbeit mit den Kunden in der Grund- und Weiterbildung schafft hohen Kundennutzen. Aufgrund dieser Zielsetzungen haben der Vorstand und die Geschäftsleitung von aprentas entschieden, die LABORPRAXIS zu aktualisieren und neu herauszugeben.

Erarbeitet wurden die Kapitel der LABORPRAXIS von den Ausbilderinnen und Ausbildern der Laborantenausbildung der Fachrichtung Chemie im aprentas-Ausbildungszentrum Muttenz.

Dabei konnten sie auf die ideelle Hilfe und praktische Unterstützung von Kolleginnen und Kollegen der Berufsfachschule aprentas, der aprentas-Weiterbildung und von Berufsbildner/-innen der aprentas-Trägerfirmen BASF Schweiz AG, Novartis Pharma AG und Syngenta Crop Protection AG zählen.

Spezieller Dank gebührt Dr. Hans-Thomas Schacht für seine Unterstützung bezüglich des Kapitels Massenspektroskopie und Daniel Stauffer, welcher viele Illustrationen für die Chromatographiekapitel erstellt hat.

Folgende Personen, Firmen und Institutionen haben uns freundlicherweise mit Illustrationen unterstützt:

Agilent Technologies (Schweiz) AG	4052 Basel/Schweiz	agilent.com
Anton Paar Switzerland AG	5033 Buchs AG/Schweiz	anton-paar.com
Dr. Ralf Arnold	Deutschland	ir-spektroskopie.de/spec/ftir-prinzip
Asynt Ltd.	Isleham, Ely, Cambridgeshire, UK	asynt.com
Berufsgenossenschaft Nahrungsmittel und Gastgewerbe	68165 Mannheim/Deutschland	bgn.de
Berufsgenossenschaft Rohstoffe und Chemische Industrie	69115 Heidelberg/Deutschland	bgrci.de
BFB Beratungsstelle für Brandverhütung	3011 Bern/Schweiz	vkf.ch
Priv.-Doz. Dr. rer.nat. Peter Boeker, Universität Bonn	53115 Bonn/Deutschland	altrasens.de
Bohlender GmbH	97947 Grünsfeld/Deutschland	bohlender.de
Brabender GmbH & Co. KG	47055 Duisburg/Deutschland	brabender.com
Brand GmbH + CO KG	97877 Wertheim/Deutschland	brand.de
Bruker BioSpin AG	8117 Fällanden/Schweiz	bruker.com
BÜCHI Labortechnik AG	9230 Flawil/Schweiz	buchi.com
CAMAG	4132 Muttenz/Schweiz	camag.com
CEM GmbH	47475 Kamp-Lintfort/Deutschland	cem.de

Nachwort zur 6. Auflage

CTC Analytics AG	4222 Zwingen/Schweiz	palsystem.com
Dräger Schweiz AG	3097 Liebefeld/Schweiz	draeger.com
ETH Zürich, Laboratorium für Organische Chemie	8092 Zürich/Schweiz	analytik.ethz.ch/vorlesungen/biopharm/Spektroskopie/NMR.pdf
Hellma Schweiz AG	8126 Zumikon/Schweiz	hellma.ch
Industriegaseverband e.V.	10117 Berlin/Deutschland	industriegaseverband.de
KNAUER Wissenschaftliche Geräte GmbH	14163 Berlin/Deutschland	knauer.net
KNF Neuberger AG	8362 Balterswil/Schweiz	knf.ch
Macherey-Nagel GmbH	52355 Dueren/Deutschland	mn-net.com
Methrom Schweiz AG	4800 Zofingen/Schweiz	metrohm.ch
Mettler-Toledo (Schweiz) GmbH	8606 Greifensee/Schweiz	mt.com
Müller Optronic, Groß- und Einzelhandel Müller GmbH	99086 Erfurt/Deutschland	mueller-optronic.com
Oxfort Instruments	Tubney Woods, Abingdon, Oxfordshire, UK	oxford-instruments.com
PanGas AG	6252 Dagmersellen/Schweiz	pangas.ch
Radleys	Saffron Walden, Essex, UK	radleys.com
Prof. Wiliam Reusch	USA	chemistry.msu.edu/faculty-research/emeritus-faculty-research/william-reusch
Schweizer-Brandschutz GmbH	8602 Wangen/Schweiz	schweizer-brandschutz.ch
Siemens AG	Deutschland	siemens.com
Sigma-Aldrich Chemie GmbH	9470 Buchs/Schweiz	sigmaaldrich.com
VACUUBRAND GMBH + CO KG	97877 Wertheim/Deutschland	vacuubrand.com
WIKA Alexander Wiegand SE & Co. KG	63911 Klingenberg/Deutschland	wika.de
Wiley-VCH Verlag GmbH & Co. KGaA	69469 Weinheim/Deutschland	wiley-vch.de

Abschliessend möchten wir uns bei Dr. Jutta Lindenborn von Springer Nature, Dr. Hans Detlef Klueber von Springer International Editing AG und Jeannette Krause von le-tex publishing services GmbH für ihre engagierte Mitarbeit und Begleitung bei der Erstellung der vorliegenden 6. Auflage bedanken.

September 2016   aprentas

Stichwortverzeichnis

Stichwortverzeichnis

Stichwortverzeichnis

Stichwortverzeichnis

Stichwortverzeichnis